二维动画设计实训

主　编：王海霞

副主编：谢桂华　姚　斌　刘　娣　魏昊博

编　者：孙凤美　张义明　孙　巍

U0343413

科学技术文献出版社
SCIENTIFIC AND TECHNICAL DOCUMENTATION PRESS

·北京·

图书在版编目（CIP）数据

二维动画设计实训 / 王海霞主编. — 北京：科学技术文献出版社，2015.8
ISBN 978-7-5189-0579-9

Ⅰ.①二… Ⅱ.①王… Ⅲ.①二维—动画制作软件—教材 Ⅳ.① TP391.41

中国版本图书馆 CIP 数据核字（2015）第 187082 号

二维动画设计实训

策划编辑：崔灵菲　责任编辑：崔灵菲　王瑞瑞　责任校对：赵　瑷　责任出版：张志平

出 版 者	科学技术文献出版社	
地　　址	北京市复兴路15号　邮编　100038	
编 务 部	(010) 58882938，58882087（传真）	
发 行 部	(010) 58882868，58882874（传真）	
邮 购 部	(010) 58882873	
官方网址	www.stdp.com.cn	
发 行 者	科学技术文献出版社发行　全国各地新华书店经销	
印 刷 者	虎彩印艺股份有限公司	
版　　次	2015 年 8 月第 1 版　2015 年 8 月第 1 次印刷	
开　　本	787×1092　1/16	
字　　数	223千	
印　　张	12	
书　　号	ISBN 978-7-5189-0579-9	
定　　价	60.00元	

前　言

　　动画作为一种艺术文化类型，是文化信息的大众传播媒介；动画片作为电影电视片种之一，是集美术、电影于一体的独特影片形式。动画既是艺术创作，又是商品生产；既是艺术的把握，又是技术的实现；既是集体的作品，又有个人的创造；既是一个产业，又是一种文化。

　　动画是一门结合创意与技术，介于艺术和商业之间的学科。动画作为现代社会的主流文化形式，必将会产生深远影响。多媒体时代的到来、设计程序的数字化、设计理念的数字化、设计对象及媒介的数字化、设计者本身的数字化能力增长，都将促进动画的迅猛发展，其影响前所未有。

　　本书以山东中动文化传媒有限公司根据《我要打鬼子》动画片改编的动画作品——《贪婪的鬼子》为题材，按照二维动画制作的流程来逐步展开介绍，该公司艺术总监孙巍参与了项目设计指导。教程的开始部分是前言，介绍动画相关知识和本书的特点。接着是一张二维动画岗位能力需求分析表和一张二维动画制作流程图，让读者第一眼就了解到二维动画的整个制作流程。教程的正文第一阶段是动画基础知识，介绍动画的概念、起源、特点分类、发展情况和产业。教程从第二阶段至第五阶段，是按照二维动画制作流程的先后顺序进行讲解。每个流程穿插着一些经典案例介绍本流程的相关理论知识，之后以贪婪的鬼子项目为主进行实际操作讲解。学完本教程，读者可以从无到有完整地制作出贪婪的鬼子动画片。教程第六阶段介绍了动漫衍生品的基础知识、现状及创意方法。教程最后附录A给出了动漫中常用的标识文字和符号，附录B给出了动画创作中容易出现的问题。

　　本书以实用为主，采用项目驱动式教学，在设计项目中详细介绍了为实现设计构思而涉及的软件工具及实用技巧。通过阅读此书，读者在掌握二维动画设计所具备的理论知识的同时，轻松掌握二维动画的制作流程和实践能力。

编　者
2015 年 5 月

声 明

本书中《贪婪的鬼子》动画短片取材于山东中动文化传媒有限公司改编的动画片《我要打鬼子》，动画造型创意版权归《我要打鬼子》原创剧组。书中引用的部分文字及图片来自网络。

动漫专业岗位能力需求表

岗位	工作内容	能力要求
编剧	撰写故事大纲，分场大纲及剧本；为动画及电视剧集制作提供文案及创意支援	有一定的文字功底；富有创意和想象力，有幽默感更佳
导演	独立完成导演阐述，审核编剧统筹提供的剧本，审核人物角色造型设计、背景设计、颜色指定；很好地掌控原、动画的动作和节奏，根据确定的脚本及设计制作分镜图	对动画的制作流程非常清楚，能够从整体把握动画的开发及质量，对动画表演有很强的图像创意能力；有较强的分镜绘制能力；能够编写动画脚本
原画师	对动画的人物、场景、动作、道具等进行原画设定，基于剧本及导演的表现意图进行具体创意	有创意，有较强的绘画表现能力，对人物、场景、动作、道具等把握较为准确；对平面设计软件应用熟练
动画制作师（二维）	清理线条及画原画的一些分格动画	掌握二维动画相关软件，熟练掌握二维画原理；对于动作的把握能力较强
着色上色师（二维）	对动画中需要用到的色彩进行设定，并对相应部分进行上色	对色彩感觉较好，熟悉色彩构成的相应知识，能熟练运用色彩语言
模型制作师（三维）	制作角色、场景模型	空间想象能力强，人体比例把握较好，能熟练操作三维软件进行建模
纹理制作师（三维）	为模型师制作的模型制作相对应的纹理贴图	能熟练操作三维软件和平面图像软件，对各种材质的表现方式比较熟悉
骨骼绑定师（三维）	根据剧本的需要，为模型师制作的模型进行角色骨骼的设定，使其能在动画中执行相应的动作	能熟练操作三维软件，对人物、动物、景物的运动方式和运动规律非常熟悉，对角色动态造型方面的知识掌握全面
动画制作师（三维）	使用绑定骨骼和进行了纹理贴图的模型按照分镜图的设定组合成动画	能熟练操作三维动画软件，能熟练制作模型动画，并操作镜头
灯光渲染师（三维）	对动画师制作的模型动画进行加入灯光的操作，并对其进行渲染，获得动画视频的粗胚	能熟练操作三维动画软件，能熟练准确地运用各种灯光
特效合成师	为动画视频的粗胚加入各种特效	熟悉二维（三维）动画软件，熟悉特效合成的方法，熟练运用主流合成软件及各种特效插件
剪辑师	对动画视频进行剪辑	熟悉主流影片剪辑软件，清楚剪辑的原则和方法
音效师	为影片加入配音和效果音及背景音乐	对音乐及声音有较深的认识，能运用主流合成软件合成音效
输出人员	将影片输出成各种所需的格式及对应的存储、传播媒体	熟悉各种主流的视频音频压缩解压技术，并掌握将影片输出到不同媒体所需的相关工具

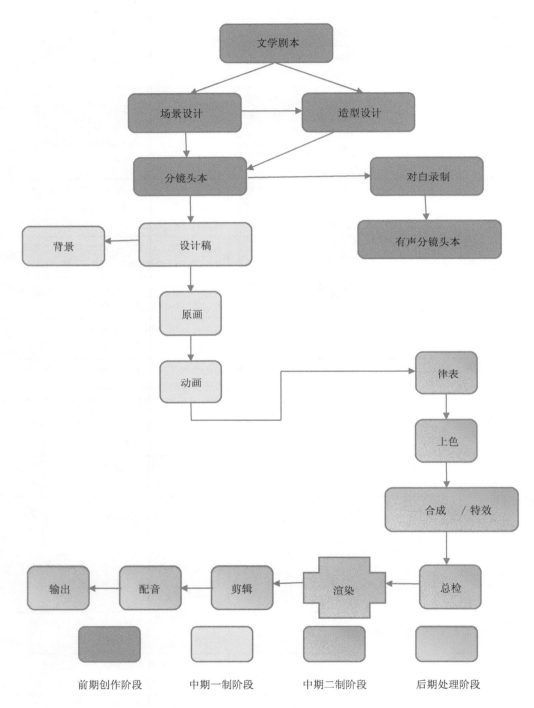

文学剧本

场景设计　　造型设计

分镜头本　　对白录制

背景　　设计稿　　有声分镜头本

原画

动画　　律表

上色

合成 / 特效

输出　　配音　　剪辑　　渲染　　总检

前期创作阶段　　中期一制阶段　　中期二制阶段　　后期处理阶段

二维动画制作流程图

C目录
Contents

阶段一

基础知识准备

【内容概述】动画的起源、原理、特点分类及动画的发展情况
【知识目标】了解动画的概念及原理，掌握动画分类特点
【能力目标】具有动画创作的基础能力
【素质目标】具备敏感的观察能力和感觉能力

　　动画是一门神奇而富有魅力的艺术，它的起源可上溯到远古的洞穴时代，而真正成为一门独立的艺术形式却不过百年。作为人类文明中最古老、最现代和最具幻想的艺术奇观，动画将与现代科技一起飞速发展，集合绘画、漫画、电影、数字媒体、摄影、音乐、文学等众多艺术门类于一身，成为一种综合艺术门类。

▶▶ 知识一　动画的概念

1.1.1　动画的定义

　　"动画"，顾名思义，是活动的图画，英文为 Animation，意为赋予……以生命，即赋予图画以生命。由此可知，从字面上讲，动画是一种活动的、被赋予生命的图画。图 1-1 所表现的就是一个小孩迎面奔跑的动作分解画面。

图 1-1　小孩迎面奔跑的动作分解画面

"动画"一词,源于第二次世界大战之前的日本,含义是用线条描绘的漫画作品。第二次世界大战后,开始将绘画、木偶等形式制作的影片统称为"动画"。要为动画下定义,从目前动画发展的情况来看,已经越来越难,动画逐步形成多样化的解释,无法对它简单扼要地给出定义。本书以最普遍的传统胶片动画为例,简要将动画定义为:动画是以各种绘画形式作为表现手段,画出一张张不动的但又是逐渐变化着的画面,经过摄影机逐格拍摄,然后以每秒24格的速度连续播放,使画面动态的在银幕上活动起来。

随着现代技术的发展,动画已经不仅仅是记录在胶片上,还可以记录在磁带、磁盘、光盘上。放映方式也不单是通过放映机,而是可以直接在电视屏幕或计算机上播放。20世纪30年代后,电视、计算机及数字技术等科技成果给动画生产和传播带来了革命性的变化。动画的影像构成,既可以是平面的假定空间形象,也可以是立体的真实空间形象,或者是三维虚拟仿真空间形象,因此动画的定义应该具有多种的可能性、更多的广泛性。在新时期中,动画是一项视觉的创新,观念的突破,是科学与艺术的结合,是高科技与艺术融合的新学科,因此,新的定义使动画具有技术和艺术双重性质的表现手段等特点。

当今,在美、日等许多国家,动画已成为形成了相当规模的现代产业,由影视片出品,延伸到书刊、画册、录像带、VCD等音像制品,进而发展到以动画人物形象为依托的文具、玩具、服装、工艺品等其他衍生的产品,甚至扩大到与此相关的公园、游乐园等,从而大大超越了其原有的含义,越来越广地渗透到人们的生活之中,并过渡到商业化阶段。"动画"定义的界限也越来越模糊,它的表现形式极为自由,充满着个性和创意。无论是报刊、电视等大众媒体,还是科技教育各个领域,都是它所涉及的对象,都有它的影踪。

1.1.2　动画的原理

英国人约翰·哈拉斯曾指出:"运动是动画的本质。"比如,在电影院看电影,会感到画面中的人物和动物的运动是完全连续的。但是如果仔细看一段电影胶片,就会看到所有的画面并不是连续的,产生这种现象是人类视觉生理和心理作用的结果。

(1)视觉生理作用

动画的实现首先基于对人眼的认识与理解。从比利时科学家普拉托对人眼视觉暂留现象所进行的研究及后来人们所做的各种实验,都离不开眼睛的视觉生理作用。

①视觉暂留

视觉暂留是人眼的一种生理现象。根据测定,人眼在观察物体时,如果物体突然消失,这个物体的影像仍会在人眼的视网膜上保留1/10秒左右,在这个短暂的时间内，如果紧接着出现第二个影像，这两个影像就会连接起来，融为一体，构成一个连续的影像，这种现象就称为"视觉暂留"。在我们的日常生活中经常可以看到，如雨点下落形成雨丝，风扇叶片快速转动形成圆盘等，都是由于视觉暂留的作用。这说明影像在视网膜中存在重叠现象。根据视觉暂留原理，人们掌握了把静止的影像转化成活动画面的秘密。

②似动现象

似动现象是视觉生理另一种特殊形式的运动知觉。例如在屏幕先呈现一竖线，后在它的旁边再呈现一横线，若两线出现的间隔时间短于 0.2 秒，则可以似乎看见竖线向横线倒下的过程，这种情况就叫似动现象（图1-2）。这是由于第一个刺激（竖线）消失后，它所引起的神经兴奋还能持续短暂的时间，在这短暂时间内出现的第二个刺激（横线）所引起的持续兴奋相连，使人感到竖线在做倒下运动。

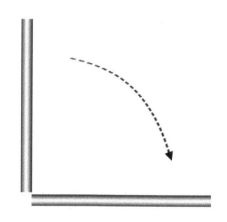

图 1-2　似动现象

（2）视觉心理作用

处在高处的物体，一旦失去了依托，必然会下落到地面；步行着的人，迈了左脚以后，还会迈出右脚。这些经验能将连续出现在眼前的某一运动各个阶段的静止画面，很自然地联系起来，形成动感。我们可以通过这样的实验来证实上述现象：如果把图1-3所示的两张画面交替出现，就会看到黑球沿着弧形轨道来回滚动。因为经验告诉我们，黑球由于地心吸力作用和弧形轨道的限制，必然会沿着弧形轨道来回运动。这个经验使我们意识到了黑球的运动过程，看到了实际上没有见到的现象。

动画的原理为：把一系列相关的静止画面以 24 张 / 秒的速度串连起来，利用人眼的"视觉暂留"现象，使这些画面在快速闪现时产生活动影像，从而构成动画。它的基本原理与电影电视一样，不同之处在于，动画的一系列连续的图像是由动画

3

师创造和设计出来的。动画师创造的图像使画面活动起来，给荧幕中的角色赋予生命和性格。

图1-3 视觉心理现象

▶▶ 知识二 动画的起源

1.2.1 动画的起源

动画这一奇特的艺术，追溯源头，其实它的产生是人类文明发展的必然。透过有史以来人类的各种图像记录，早在距今二三万年前的远古旧石器时代，西班牙北部山区阿尔塔米拉洞穴内大量石器时代留下的壁画痕迹，就已显示出人类潜意识中表现物体动作和时间过程的欲望。在这些绘有许多动物形象的壁画中，有一头形象生动的野猪非常引人注目，在它的身体下方，前后各画有四条腿，其位置分布使画面上的野猪产生了奔跑状的动感视觉。这种现象并非偶然，在其他古代壁画中也发现有奔跑的马被画成八条腿（图1-4）。这种在一幅画面上，把不同时间发生的动作画在一起，反映了人类对"运动"概念的理解和表现的探索，是动画的最初现象和形态。

图1-4 古代壁画

由此可见，当时人类在生产生活中，除用绘画形象地记录生活情景外，同时已具有了表现运动画面的思想，并尝试将运动状态通过画面显示出来，以表示运动速度与生命的关系。

我国是一个拥有五千年灿烂文化的文明古国，在用绘画表现人和动物的活动方面，有许多发明创造。例如，从新石器时代的马家窑彩绘陶器舞蹈纹盆（图1-5），我们可以见到先人独具匠心的艺术设计：盆上画着三组手拉手舞蹈的人形，并在手臂上画出重复线条，似乎在表示舞蹈者连续的动作。当盆内注入清水后，盆上所绘的舞蹈人物倒映水中，在水晃动时，巧妙地使舞蹈人物婀娜多姿、婆娑起舞。

图1-5　马家窑彩绘陶器舞蹈纹盆

1.2.2　动画电影

17世纪，教士阿塔纳斯·柯雪发明了"魔术幻灯"（图1-6）。这是一个铁箱，里面装上一盏灯，在铁箱的一边开一个小洞，在洞口安装透镜，把一片绘有图案的玻璃放在透镜后面，灯光透过玻璃和透镜把图案投射到墙上。魔术幻灯流传演变到今天，已经变成了投影仪。可以说是动画形态的雏形。

动画的产生虽然早于电影，但真正意义的动画，是在电影摄影机出现以后才发展起来的。因此用图画表现艺术形象的动画影片，出现在电影之后。

1877年8月30日，法国人埃米尔·雷诺发明的可在屏幕上放映、供多人一起观看动态图画的光学影戏机获得专利，具备了现代动画片的基本特点，这一天被法国电影史学界视为动画片的生日，埃米尔·雷诺则被认为是动画片的先驱。

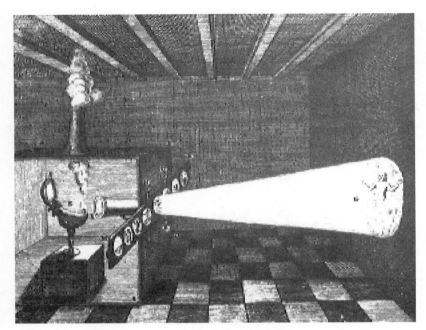

图 1-6　魔术幻灯

真正的动画电影，最早于 1906 年诞生在美国，是美国人斯图尔特·勃莱克顿在法国卢米埃尔兄弟电影技术发明 10 年以后，采用逐格摄影方法，拍摄制作的第一部电影胶片动画《一张滑稽面孔的幽默姿态》。直到 1914 年，透明赛璐珞片的发明，才使动画电影得以大量生产。而动画片能够形成独立的艺术表现形式风靡全球，则被公认为是迪士尼的贡献。现今的动画影片，已成为电影的四大片种（故事片、纪录片、科教片、美术片）之一。

动画发展到今天已走过了近百年的历史路程，以手工业为主的传统动画行业承受着繁重的体力劳动，然而今天的动画已发生了极大的变化。从 20 世纪 80 年代开始，以电脑技术为标志的高新技术大规模地应用到动画、影视及多媒体的制作上，原有的传统动画艺术行业因此受到了巨大的冲击，动画片的创作和加工更是出现了从未有过的变革。

1.2.3　动画艺术

动画作为一种艺术文化类型，是文化信息的大众传播媒介；动画片作为电影电视片种之一，是集合美术、电影于一体的独特影片形式。动画艺术是美术与影视艺术的集合。不受任何限制地假定造型和时空，使得它拥有几乎无所不能的表现手段。当今科技的飞速发展，又促使着动画艺术观念的更新。动画作为一种新兴的综合性艺术，不但在其独特的艺术语言和形式等方面，有着诸多课题尚待进一步深入研究，而且对于动画艺术本体及其发展所不断提出的新问题，也应给予关注和探索。

1.2.4　动画技术

动画是现代科学技术的产物。与动画相关的科学技术的每一次发明和革新，都丰富和拓展了动画的表现手段和艺术创作的天地。在动画领域中，艺术和技术相辅相成，其中，技术先导于艺术而服务于艺术。它与文学、戏剧、音乐、绘画等艺术相比，任何一次相关的科技革新都会对它产生重大的影响。从动画片产生和发展历程可以明显看出科技在动画发展过程中留下的脚印：科学家对人眼视觉暂留现象的发现，使人们掌握了动画的原理；透明赛璐珞胶片的发明，为动画片的大量产生提供了可能；电视的普及，向动画提出了巨大的需求；计算机图形技术的发展，更是大大提高了动画制作的效率和视觉艺术效果。高新技术为动画的制作带来了全新的视觉感受。

▶▶ 知识三　动画的特点和分类

1.3.1　动画的特点

动画艺术是人类最动人的艺术创作之一。动画片的优美、风趣、奇妙加上影片中常常含有一种哲理，使其在世界范围内，不仅对少年儿童，而且对成年观众也具有很强的文化渗透力，那些迷人美妙的画面，让人难以忘怀，将永远留在人们的心里。这都是因为动画具有独有的特征和艺术魅力。动画的特点有以下几个方面。

（1）动画属于假定性艺术

动画中的角色不是真人演员，其演员是通过绘画手法画出来的，不像真人表演那样真实。然而，它的局限性也赋予了动画艺术任何其他艺术所不能替代的艺术特性，因此使它具有表现的灵活性和自己独特的假定规律。主要体现为：不追求画面的逼真，在创造视觉过程中，动画艺术家创造的过程是各个方面不同的假定性设想，如剧本内容假设、形式的假设、环境的假设等。例如，动画片《大闹天宫》（图1-7），孙悟空的肢体语言千变万化，这是舞台演员无法达到的效果。观众明知有这么多的假定性，却仍然被动画片丰富的内容、精彩的情节、生动的形象、逼真的动态所感动。

图 1-7 动画片《大闹天宫》

（2）动画的幽默

幽默是动画艺术的灵魂，它向动画艺术家提供了一种拥有高度自由的表达运作手段，也是动画超越其他片种的重要手段。幽默在动画中的具体表现为：通过有趣的内容设计和滑稽的形象塑造来完成一个有意义的故事或笑话的讲述。尤其是早期的动画片，就是依靠幽默来吸引观众的。此后，动画影片中的幽默显然成了动画影片中不可缺少的重要元素，也成为动画影片一种独特的时尚元素。

（3）夸张是动画的法宝

由于动画中角色的假定性，所以动画电影在制作过程当中比实拍电影具有更为广阔的施展空间，动画中的角色表演可以根据剧情的需要对造型进行设定、夸张和变形处理，也就是对将要出场的具体角色形象进行具有鲜明性格特征的设定和展示，这是制作动画电影中极为重要的一个环节，也是动画艺术的精髓所在。夸张使动画艺术在群众的思想和视觉上产生了巨大的冲击力和震撼力。这也是很多动画作品被拍摄成真人版电影，真人演出时很难体现出原动画角色的精髓所在。动画中电影镜头式的运用使得观众更具有真实感，夸张的情节和动作表情让观众仿佛置身于这个新奇世界中而产生更加强烈的共鸣。

　　动画创作不是对大自然与现实生活的临摹，而是对自然界和生活中具体事务的提炼，抽取其中最具代表性、典型性的事件并将之融入我们对角色的理解之中，进而设定出性格各异的角色符号最后展示给观众。在动画影片中的夸张主要表现在两个方面：一是创作上的夸张，二是制作上的夸张。有了创作上的夸张才可能有制作上的夸张，二者是统一的整体。

创作上的夸张有：

■　夸张的情节　　　　■　夸张的造型　　　　■　夸张的形态

制作上的夸张有：

■　动作夸张　　　　■　速度夸张

1.3.2　动画的分类

　　动画片发展至今，表现手法和形式越来越多种多样，动画片的类型也越来越丰富。根据当前动画片的情况，可以从以下几个方面进行区分。

　　（1）按照动画的制作方法和工具器材分类

　　①传统手工动画

　　这种类型的动画形式主要是单线平涂，这也是最常见和较传统的动画类型，例如迪士尼的《白雪公主》（图1-8）。这种形式适合产业化生产模式，技术上容易统一管理，艺术上比较程式化，一切都在计划之中，具有极强的可操作性和工艺性。但由于受到制作方式的影响，工作繁杂，成本高，制作周期长。

图1-8　动画片《白雪公主》

②计算机动画

计算机动画分二维动画和三维动画，三维动画是在二维动画的基础上发展而来的（如图1-9所示，三维动画《最终幻想》系列）。近年来，随着计算机动画技术的迅速发展，它的应用领域日益扩大，例如，电影业、电视片头、广告、教育、娱乐和因特网等，当然也对传统动画的制作工艺带来了巨大的革新。它与手工动画相比有许多优越性。我们可以使用计算机进行角色设计、背景绘制、描线上色等常规工作，它具有操作方便、颜色一致、准确等特点，更不用担心颜料变质等问题。其绘图界线明确，不需晾干，不会串色，改色方便，更不会因层数增多而影响下层的颜色。

图1-9 三维动画《最终幻想》

计算机动画还具有检查方便、保证质量、简化管理、提高生产效率、缩短制作周期等优点。现在很多重复劳动可以借助计算机来完成，例如计算机生成的图像可以复制、粘贴、翻转、放大、缩小、任意移位及自动计算背景移动等，并且可以使用计算机对关键帧之间进行中间帧的计算。但是完全靠计算机还是比较困难，仍需要动画制作人员为计算机提供各种信息，"帮助"计算机进行计算。由于计算机的参与，工艺环节明显减少，不需通过胶片拍摄和冲印就能演示结果，检查问题，如有不妥可随即在计算机上改正，既方便又节省时间，从而降低了制作成本。另外，动画软件提供了大量的图库，它们是绘制画面的好帮手。用户可将创建的造型、图画保存在图库中，以便今后重复利用。

但是，目前计算机在二维动画制作中仅起到辅助作用，这是计算机很难弥补的缺点，它只能代替传统动画中重复性强、劳动量大的部分工作，代替不了人的创造性劳动。计算机不能根据剧本自动生成关键帧。正如前面所说的，对生成关键帧之间复杂的中间帧，仍需要动画制作人员的帮助。

（2）按照传播途径分类

①影院动画

影院动画的长度和常规电影的长度几乎是同一个标准，事实上影院动画就是用动画的手段制作电影。影院动画的故事大多改编自文学作品（童话、神话、小说等），叙事结构与经典戏剧的叙事结构基本相符，有明确的因果关系，一定模式的开头、情节的展开、起伏、高潮及一个完美的结局。

人物塑造要求典型性格，因为观众去影院欣赏动画片是抱有很大的期望值——被感动。角色造型要求照顾到各种角度，这些人物将在一个相对逼真的假定性空间中表演，所以要强调三维的视觉特点。动作设计严格按照解剖关系和物理条件所形成的状态及严格而有规则的线面关系来要求。画面构成讲究电影影像的空间关系调度，强调影像美学的构成规律。背景强调用三维立体的绘画效果刻画规定性情境，以逼真的效果产生亲切感和说服力。

相比电视动画和实验性动画的叙事结构，影院动画的结构更加严谨规范，按照电影文学的章法编故事，严格遵循电影语言的语法规则设计故事结构和叙述方式。影片长度一般在90分钟左右。画面影像质量、动作设计、声音处理等工艺精度有严格的技术要求。生产周期长（经典动画片的生产周期要3～4年），人才与资金投入多，制片风险大。

②电视动画

最早的电视动画是由早期在电影院里作为故事片开演之前或者是中场休息时放映的一种开心节目经过重新组接卖给电视台。当时的迪士尼公司及其他动画公司正处于低谷，因为动画片制作成本高没人愿意投资，加上真人演出的故事片亲和生活的魅力使得曾经风靡一时的卡通式动画片被冷落，原因是动画长片工艺造价本身就高于实拍电影，加上当时艺术家比演员价位高，所以动画面临资金困难，不能进行制片周转（据说当时发行商要求影院购买故事片时必须夹带一部动画短片，迪士尼被迫去做动画广告）。恰好在这时，电视台需要大量的娱乐节目，因此将过去存放在片库的大量动画短片重新组接，卖给电视台作为片厂的一部分收入。后来电视台和制片商按照这种片段模式开始运作电视系列动画的产业模式，他们发现电视动画的工艺远远不必像电影院动画那样精致，那些在电影银幕上曾经显得粗糙的动画片，在电视机上观看几乎被忽略了所有制作方面的缺陷。从此，电视动画便找到了非常有利的创作方式——多、快、好、省的工艺流程。

电视动画片最突出的是制作工艺的简化：动作设计简单化，例如停格、象征性动作符号、静止画面加流线等；背景制作简单化，例如平涂、晕染、留白；描线上色随意化，例如烫印、断线轮廓、电子扫描、色彩只求鲜艳醒目，不求逼真自然。传统工艺的描线要求非常严谨，赛璐珞片上一线之差，在电影银幕上就可能是一片错误，而电视机屏幕的频闪现象恰恰掩盖了诸多工艺问题。除此之外，电视动画片的叙事结构相对简单，更像是传统说书艺术。有时是分集叙述一个漫长的传记故事，以人物性格为故事发展线索，如《樱桃小丸子》；有时则是固定的造型形象在演义相对独立的故事，如《猫和老鼠》；也有相关的内在线索结构的不同故事，如《名侦探柯南》。长度包括总长度和分集长度，一般总长度有 26 集、52 集，甚至更多集。分集长度有 10 分钟、22 分钟、30 分钟等不同规格。电视动画系列片的形式特征是每集与每集之间拥有相同的人物，演义不同的故事，如《猫和老鼠》。有时人物的变化仅只是原型的外加工，如《名侦探柯南》（图 1-10）是同一人物的变大和变小、《樱桃小丸子》小时候只是把头发变短了。

图 1-10　动画片《名侦探柯南》

电视动画在日本可以说是遍地开花，继承和发扬了美国早期动画短片之优良模式及商业效应。日本采取倒过来做的方式——即先用低成本制作要求不高但追求数量的电视动画片，以此考察收视率及观众市场，例如，《名侦探柯南》、《美少女战士》都是用这种商业模式来操作的，然后再决定是否制作影院版的同名动画片，这在日本的大多数动画片场或公司已成为一种惯例。从剧情的安排上，电视动画喜欢扩展情节，小题大做，即由许多个微不足道的小故事组成的大系列，情节有所连贯，但又分别独立。电视动画片由于是分集播放，因此要求每一集都要有各自的起承转合，各自的亮点及高潮，尤其是片头的精彩预告和片尾的悬而未决的奇案直接关系到观众是否继续看下去的兴趣。《名侦探柯南》就是一部成功电视系列动画的例子，这部长达数百集的动画片并不让人觉得无聊拖沓，因为它的每一集故事都是一个独立的事件，然而这么多的事件又被一条潜在的线索——即把主角变成小孩子身体的黑社会组织串联着。主人公柯南的精彩推理中包含了是非、机智、实用医学、物理知识等文化内涵信息，并且还穿插了不少轻松搞笑的装饰情节，不但让人有连续看下去的愿望，而且每一集看完后都有不同的谈论话题。特别是在中间插播广告时，人们还在讨论"谁是坏人"等问题。画面影像质量、动作设计、声音处理等工艺技术要求相对宽松，这是由于它的传播方式不是强制性的，没有规定性的欣赏环境和观众群，生产周期短及电视屏幕小等因素决定的。另外，由于投入资金数目相对少，因此人才流动性大，不能严格保证制作质量的始终如一。

③网络动画

由于现代科技的不断发展，计算机网络成为人们日常生活中必不可少的沟通媒介，网络动画由此应运而生。网络动画是一种文件小、传播速度快，能够在网络渠道上运行的动画，例如韩国知名网络动画《中国娃娃》（图1-11）。其来源可以是传统的电视动画和电影动画，也可以是由计算机软件制作的动画，例如，本书所要介绍的Flash就是一款出色的计算机二维动画设计制作软件，我们可以使用它简便高效的制作丰富多彩的动画。

图1-11 网络动画《中国娃娃》

除了上述分类外，按照动画艺术的表现风格可分为写实类动画、写意类动画及抽象类动画；按照不同的制作材料和呈现方式又可分为木偶动画、剪纸动画、砂土动画、泥塑动画、卡通动画、水墨动画等。

知识四　世界动画发展情况

动画产生迄今已有百年历史，纵观其发展过程，先后经历了探索阶段、行业形成阶段、行业发展阶段和行业成熟几个阶段。世界各国的动画家们创作出了大量不同特色和不同风格的经典动画作品。其中，以美国和日本的动画制作尤为突出，下面简要介绍世界各国动画的发展历程。

1.4.1　美国动画

美国第一部动画片出现于 1907 年，迄今为止，美国动画共经历了 5 个发展阶段。

（1）第一阶段（1907—1937 年）：早期动画的开创期

1907 年，美国人布莱克顿利用"逐格拍摄法"拍摄了《一张滑稽面孔的幽默姿态》（图 1-12），它被公认为是美国的第一部动画片，美国动画片史正式开始。这一时期的动画影片只有短短的 5 分钟左右，用于正式电影前的加演，制作比较简单粗糙。

图 1-12　动画片《一张滑稽面孔的幽默姿态》

这个时期的动画先驱还有温莎·麦克凯、派特·苏立文、弗莱舍兄弟等。麦克凯是美国商业动画电影的奠基人，他的代表作品有1914年拍摄的《恐龙葛蒂》、《露斯坦尼亚号的沉没》等。苏立文创作了美国动画片史第一个有个性魅力的动画人物"菲力斯猫"。弗莱舍兄弟的作品有《蓓蒂·波普》、《大力水手》等。

华特·迪士尼在20世纪20年代后期崛起，1928年他推出了第一部有声动画片《汽船威利号》，该片利用音响和动画的结合达到了一种新的效果，并受到了欢迎。1932年迪士尼推出了第一部彩色动画片《花与树》，获得了奥斯卡第一部动画短片奖。

（2）第二阶段（1938—1949年）：动画初步发展期

1937年，迪士尼公司推出了《白雪公主》，片长达84分钟，这在美国动画片史上是个史无前例的创举，标志着迪士尼事业成功的高峰，继而推出《木偶奇遇记》、《幻想曲》、《小鹿班比》等动画长片。第二次世界大战爆发后，迪士尼公司停止了动画长片的拍摄，直到40年代末期才恢复过来。查克·琼斯创作的动画短片如《兔八哥》、《戴飞鸭》等在战争期间也非常受欢迎。

（3）第三阶段（1950—1966年）：动画片繁荣发展期

这个时期，迪士尼公司几乎每年都推出一部经典动画片，1950年推出《仙履奇缘》，1951年推出《爱丽斯梦游仙境》，1959年推出《睡美人》，1961年，迪士尼公司又调整了制作路线，推出了根据英国小说改编的《101忠狗》，这也是迪士尼公司第一部采用复印技术的长篇剧情动画片。其他的动画制作公司在迪士尼公司的排挤之下纷纷关门停业，迪士尼公司成为动画电影业的霸主。

（4）第四阶段（1967—1988年）：动画的萧条期

1966年12月15日，伟大的华特·迪士尼因肺癌去世，迪士尼公司陷入了困境，美国动画业也进入萧条时期。此时，电视动画逐渐发展起来，汉纳和芭芭拉是电视动画的代表人物，他们创作了电视系列片《猫和老鼠》、《辛普森一家》（图1-13）等。整个20世纪70年代，只有数部动画片，质量也平平。80年代初，老一代的动

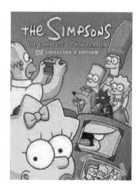

图1-13 动画片《辛普森一家》

画家都到了退休的年纪，迪士尼公司努力培养新人，处于新旧结合时期，拍出了颇有争议的动画电影，如《黑神锅传奇》等。80年代后期，迪士尼公司开始尝试着利用电脑制作动画，1986年的《妙妙探》中第一次用电脑动画制作了伦敦钟楼的场面。同时，公司任用了专业的企业经理人麦克·艾斯纳接管了公司。

（5）第五阶段（1989年至今）：动画的黄金期

20世纪90年代末期，各大制片公司纷纷涉足动画界，使得这一时期的美国动画异彩纷呈。1989年，迪士尼公司推出了《小美人鱼》，获得了极大成功，标志着美国动画片又一次进入繁荣时期。这个时期的代表作品很多，例如创造了票房奇迹的《狮子王》，第一部全电脑制作的动画片《玩具总动员》，以及可以乱真的《恐龙》等。据《美国动画大百科全书》统计，1911—1998年，美国共生产动画片2286部。

美国主要动画制作公司主要有：迪士尼公司，成立于1923年，一直由华特·迪士尼掌门，1967年华特去世后，由他的哥哥罗伊掌管，后交给华特的女婿米勒，在80年代雇佣职业经理人艾斯纳接管，使得迪士尼公司重获新生。华纳兄弟公司，成立于20世纪20年代，20世纪30—40年代开始制作动画短片，1962年关闭了动画部门，直到20世纪90年代，又开始重新制作动画片。梦工厂，成立于1994年，由原迪士尼公司高层领导人卡赞伯格、音乐界泰斗大卫·格芬及著名大导演斯蒂文·斯皮尔伯格共同组建，从1998年开始陆续推出非常有票房号召力的大型动画片，欲与迪士尼公司分庭抗礼，2001年出品的《怪物史莱克》（图1-14）获奥斯卡大奖。

图1-14 动画片《怪物史莱克》

美国动画片经过长期的发展，形成了鲜明的特点。它以剧情片为主，情节曲折，生动有趣，人物性格鲜明，音乐优美动听，引人入胜，特别注重细节的刻画，做到了雅俗共赏，适合绝大多数观众的审美口味。多为大团圆结局，悲剧性的影片很少，努力迎合广大观众的心理需求。人物造型设计规范，与生活中的原形差别不大，大多不大变形，形象优美；动物形象大都作大幅度的夸张：大头、大眼、大手、大脚，成为被世界各国广泛借鉴的卡通模式。到了20世纪末，大量运用数字技术与电影技术结合，使画面更趋逼真形象，达到完美的画面效果。美国善于塑造典型，推出动画明星，从1914年的恐龙葛蒂到2002年的怪物史莱克，美国为世界动画艺术宝库推出了难以计数的具有各种造型和各种鲜明性格的为全球人熟稔和喜爱的动画明星，这是任何一个国家都难以与之比肩的。美国动画片在世界动画史上占有重要的地位，它一直引领着世界动画片的潮流和发展方向。

1.4.2 日本动画

自 1917 年至今，日本动画已有近百年的历史，可分为四个发展阶段。

（1）第一阶段（1917—1945 年）

日本第一部动画片是下川凹夫于 1917 年制作的《芋川掠三玄关·一番之卷》，也有人说是同年北山清太郎的《猿蟹和战》或幸内纯一的《㛮凹内名刀》，其说法不一，但这三人皆为日本动画的始祖，为日本动画之后的发展奠定了基础。日本第一部有声动画片《力与世间女子》创作于 1933 年，由政冈宪三和他的弟子濑尾光世共同完成。

这段时期的前期主要是以世界名著为题材，而后期则由于日本军国主义猖獗，因此动画题材不离宣传、夸耀日本军国主义的路线。如 1942 年的《海之神兵》即为此类。但是这也造成了战斗、爆炸画技的进步，这也是今日日本动画最引以为傲的技术。

（2）第二阶段（1946—1974 年）

日本战败后，有些人鉴于战争的教训，开始将反战题材用在动画上。这种题材影响深远，直到现在还颇为流行。另外也有些人尝试不同的动画题材。所以这个时期的动画题材从很有意义到很低级的题材，应有尽有。如 1968 年的《太阳王子大冒险》就是一个成功的例子，成为后来高水准动画的基础。当然也有失败的例子。如 1970年的《无敌铁金刚》就是一部典型的烂卡通，不但暴力而且剧情很差，这带给了日本动画不良的影响。

1956 年成立了"东映动画株式会社"，社长大川博是一位有才智、有魄力的领导者，1958 年领导拍摄了东映第一部取材于中国神话故事的彩色动画长片《白蛇传》，大受好评，获得了第十一届威尼斯国际儿童节特别奖。1959 年推出了日本第一部超宽银幕动画《少年猿飞佐助》，这是东映公司特有的时代剧，还是一部动作幻想片。

被称为"日本动漫之父"的手冢治虫崛起于 20 世纪 60 年代，他创立了虫制作公司。其作品 1963 年的《铁臂阿童木》（图 1-15），是世界上第一部 30 分钟的电

图 1-15 动画片《铁臂阿童木》

视动画系列片。他的代表作还有 1965 年的《森林大帝》、1963 年的《原子小金刚》、1970 年的《埃及女王》等。

（3）第三阶段（1975—1990 年）

这个时期的日本动画经过探索，逐渐进入了成熟期，引起了第一次动画热的爆发。

这一阶段的前期，科幻（SF）动画成为主流。1974 年《宇宙战舰》的播出引起了轰动，造成"松本零士旋风"。后来并有《永远的大和号》及《宇宙战舰完结篇》两部电影，寿命长达 10 年。继松本零士后，由富野由悠季原作小说改编成的《机动战士》在 1979 年开始上映，由于剧情结构复杂而严密，受到动画迷热烈的支持。该片后来的三部电影非常卖座。

此外，以宫崎骏为首的吉卜力工作室致力于剧场版动画的制作，通过探讨人与自然、人与人的互动关系深化主题，以其细腻的剧情、精美的画面开创了另一种独特的风格。其代表作有 1984 年的《风之谷》、1986 年的《天空之城》、1988 年的《萤火虫之墓》等。

1982 年《超时空要塞》（图 1-16）上映至 1987 年为止，该时期由于人们追求视觉享受，因此动画画技力求突破。《风之谷》和《天空之城》精细写实的背景，《机动战士 Z》的强调反光、明暗对比等，皆对后来的动画贡献很大。日本动画剧情、内容、画技皆已达到极高的水准。于是动画进入了成熟期。如日本电视史上第一部以高中生以上为主要对象的文艺动画连续剧《相聚一刻》等。其中《相聚一刻》曾获得 1988 年日本动画优秀作品排行榜第二名（该年排行第一的是《圣斗士星矢》）；另外还有《天空战记》、《机动警察》等多部佳作（《天空战记》曾获得 1989 年动画排行第一名）。当日本动画发展到此后，有人认为幼年观众群已被忽略了四五年，也该考虑制作年龄路线。于是自 1987 年后半年以来，电视上的高年龄层动画逐渐减少，而转向动画电影。

图 1-16　动画片《超时空要塞》

在该阶段的后期，动画题材逐渐出现分化，出现数部佳片。在 1983 年时，日本动画市场上出现了世界上第一部 "Original Video Animation"（简称 OVA）——《DALLOS》，为动画在电影、电视市场外，开辟了一个新市场——录影带市场。OVA，顾名思义，就是不在电视或电影院播出，而只出售录影带。除非该片大受欢迎，才有可能在电影院公开而升格为电影。OVA 自 1983 年至今，已成为动画的重要市场。其中佳作不胜枚举，如《88 战区》、《幻梦战记 LEDA》、《渥太利亚》、《银河女战士》系列、《银河英雄传说》系列、《五星物语》、《古灵精怪》等。

（4）第四阶段（1991 年至今）

在画技、制作手法、构思设计方面都日趋成熟的日本动画，开始追求风格上的创新，试图突破原有的模式，以完善的技巧，加上超越时空的构思，带给观众全新的感官冲击。电影《攻壳机动队》完全摒弃以往动画明快轻松的风格，阴郁压抑，冷酷带有对命运的困惑，与人类虽然身处高科技社会，但却无法摆脱不安的未来的彷徨与孤独相呼应。

由庵野秀明监制的电视动画《新世纪 EVANGELION》（图 1-17）则选择与以往的热血主角们完全不同的个性自闭少年真嗣为主人公，在看似普通的怪兽交战、保卫地球的情节中，通过真嗣感受到一份渴望被需要，梦想被爱又害怕背叛而在自

图 1-17　动画片《新世纪 EVANGELION》

己与他人之间筑起屏障这种种矛盾与孤寂的心情，从某种程度上来说也是现代人心理的折射。20 世纪末至今，人类对自身的思考也逐渐深刻，同时日本的动画也开始越来越关注贴近现实与心理方面的剖析，由原本普遍爱与友情的主题转为更加人性的刻画。各方面都日臻完美的日本动画并没有停止发展的脚步，仍然在不断自我完善和突破。

1.4.3 中国动画

中国的动画事业发展很早，1920 年，上海的万籁鸣、万古蟾、万超尘、万涤寰兄弟（人称"万氏兄弟"）在影院中看到了《大力水手》、《勃比小姐》等早期美国动画片后，对这种艺术形式产生了浓厚的兴趣，从此开始研制中国的动画电影，并于 1926 年拍摄了中国第一部动画片《大闹画室》。1935 年，中国第一部有声动画《骆驼献舞》问世。1941 年，受到美国动画《白雪公主》的影响，万氏兄弟制作了中国第一部大型动画《铁扇公主》。《铁扇公主》取材于古典小说《西游记》中"孙悟空三借芭蕉扇"一段故事，片长达 1 小时 20 分钟。他们除借鉴了美国动画片中的一些元素外，大胆吸取了中国古典绘画和古典文化艺术的营养，使中国山水画的风格被成功地搬上银幕。万氏兄弟在电影放映中还尝试用红色玻璃纸挡住镜头，使片中的火焰山放出红光，在黑白动画片中创造了彩色动画的效果。在世界电影史上，这是继美国《白雪公主》、《小人国》和《木偶奇遇记》后的第四部大型动画，标志着中国当时的动画水平接近世界领先水平。

新中国美术电影于 1947 年开始摄制，在东北解放区兴山镇先后产生了新中国第一部木偶片《皇帝梦》和动画片《瓮中捉鳖》。人民艺术家陈波儿和日本动画专家方明（持永只仁）等为此做出了重要贡献。他们在人员不足、设备简陋的条件下完成摄制工作，难能可贵，为新中国美术电影的发展揭开序幕。

1949 年专门摄制美术片的机构——美术片组在长春东北电影制片厂成立，漫画家特伟和画家靳夕为主要领导人。1950 年迁至上海，成为上海电影制片厂的一部分。随着人员的不断扩大，1957 年建立上海美术电影制片厂，特伟任厂长，从建组时十几人发展到 200 多人。万籁鸣、万古蟾、万超尘、钱家骏、虞哲光、章超群、雷雨、金近、马国良、包蕾等一批著名艺术家、文学家先后参加这一工作。从此，美术电影就以上海为基地，迅速繁荣发展。

20 世纪 50 年代前期是美术电影的成长阶段，艺术人员的增加，带来了创作的发展。通过制片实践又培养了一大批年轻的艺术、技术人才，为美术电影事业发展奠定了基础。在这一阶段中，摄制了一批优秀影片，如动画片《好朋友》、《乌鸦为什么是黑的》、《骄傲的将军》、木偶片《机智的山羊》、《神笔》等。尤其是《骄傲的将军》和《神笔》，在探索民族风格方面积累了成功的实验。在技术方面也有可喜的成就，1953 年拍摄了第一部彩色木偶片《小小英雄》；1954 年完成的木偶片《小梅的梦》，是首次采用真人和木偶合成的技术；1955 年第一部彩色动画片《乌鸦为什么是黑的》也获得成功。从此，美术片进入了彩色片时期。

　　从上海美术电影制片厂建厂到 1966 年前是美术电影的鼎盛时期，百花齐放，形式多样，美术片的艺术特点得到充分发挥，民族风格更为成熟和完美，拍出了一批至今依然是中国美术电影历史上最优秀的作品，在国内外声誉鹊起。周恩来总理生前指出：美术电影部门在中国电影事业中，是具有独特风格的比较优秀的部门。1958 年增添了一个新的品种——剪纸片，第一部作品《猪八戒吃西瓜》一举成功。由于它具有鲜明的民间艺术特色而受到好评，开辟了发展剪纸片艺术的新路。1960 年创造了水墨动画片，把典雅的中国水墨画与动画电影相结合，形成了最有中国特色的艺术风格，《小蝌蚪找妈妈》（图 1-18）和《山水情》（图 1-19）这两部影片因此获得极大成功。它们以优美的画面和诗的意境，使动画艺术进入更高的审美境界，令人耳目一新，是动画史上的一个创举，它的成就在国内外引人瞩目。

图 1-18　水墨动画《小蝌蚪找妈妈》

图 1-19　水墨动画《山水情》

　　1961—1964 年拍摄的大型动画片《大闹天宫》（上、下集），是这一时期的重大作品之一，在世界上产生广泛影响。把神话小说《西游记》中的故事，形象地再现于电影银幕，有丰富的想象力。造型艺术和动画技巧都达到很高水平。大型木偶片《孔雀公主》，以生动的情节、恢宏的场景表现了中国傣族地区的美丽神话，影片的精湛技巧，标志着木偶片艺术的成熟。剪纸片《金色的海螺》是这一时期剪纸片中最出色的作品，它发挥了镂刻艺术的特色，使这一古老的民间传统表达得绚丽多彩。《黄金梦》是一部漫画风格的动画片，以粗犷的线条和夸张的形象讽刺了一群贪得无厌的富豪，又是一种新的形式。此外，《小鲤鱼跳龙门》、《谁唱得最好》、《济公斗蟋蟀》、《大奖章》、《人参娃娃》、《没头脑和不高兴》、《等明天》、《冰上遇险》、《红军桥》、《半夜鸡叫》、《草原英雄小姐妹》等，都是这一时期摄制的一批优秀影片。1960 年拍摄的《聪明的鸭子》，是新生的折纸片，这种充满儿童情趣的纸偶艺术，又成为美术电影家族中新的一员。

　　1979 年为庆祝新中国成立三十年而摄制的《哪吒闹海》，是一部宽银幕动画长片，这部被誉为"色彩鲜艳、风格雅致、想象丰富"的作品，在国内外深受欢迎。它以浓重壮美的表现形式再一次焕发出民族风格的光彩。木偶片《阿凡提的故事》（图 1-20）也是一部出色的影片，造型夸张，语言幽默，生动地刻画了新疆维吾尔族的一个传奇人物，后来发展为多集系列片。动画片《三个和尚》是一部精彩的作品，篇幅虽短，寓意深刻，它既继承了传统的艺术形式，又吸收了外国现代的表现手法，是发展民族风格的一次新的尝试。动画片《雪孩子》体现出一种高尚的精神；水墨动画《鹿铃》抒发了友爱之情，这两部影片都受到好评。这一时期的剪纸片在美术形式上丰富多彩。《南郭先生》表现了汉代的艺术风格、格调古雅；《猴子捞月》使剪纸片造型产生茸茸的质感，创造了一种新的形式。利用这种形式，又拍摄了水墨画风格的剪纸片《鹬蚌相争》，形式优美、内容诙谐，动作细腻生动，丰富了剪纸片的艺术风格。《火童》把装饰性造型和民族艺术特点熔于一炉，风格奇丽新颖。同一时期的影片中，还有《两只小孔雀》、《画廊一夜》、《狐狸打猎人》、《好

图 1-20　木偶片《阿凡提的故事》

猫咪咪》、《愚人买鞋》、《黑公鸡》、《小鸭呷呷》、《人参果》、《淘气的金丝猴》、《假如我是武松》、《蝴蝶泉》、《天书奇谭》、《黑猫警长》等，都是优秀的作品。

随着国外动画的不断引进，中国动画界终于知道了自己的不足，于是开始了各种探索与尝试。1999年中国制作的大型动画《宝莲灯》，就是尝试之一，吸收国外的制作方法与经验，结合中国的传统神话传说。2007年推出的《秦时明月》是中国首部武侠动漫系列剧，于2007年春节期间在全国各地同步播映。作为中国第一部大型武侠CG/3D（电脑三维动画）动漫系列剧，《秦时明月》（图1-21）融武侠、奇幻、历史于一体，引领观众亲历两千年前风起云涌、瑰丽多姿的古中国世界，在浓郁的"中国风"中注入了鲜明的时代感；共有七部，以及特别篇（Special OVA）、电影版等。中国动画界终于开始了自己的探索与尝试，但愿在不久的将来，我们能够欣赏到中国自己的精彩动画作品。

图1-21 三维动画《秦时明月》

1.4.4 欧洲动画

（1）法国动画

法国是欧洲第一个生产动画电影的国家。17世纪法国教士阿塔纳斯·珂雪发明"魔术幻灯"；18世纪法国人雷诺发明具备现代动画片基本特点的光学影戏机；被公认为世界上第一位动画家的埃米尔·科尔在1906年首次运用摄影停格技术拍摄了系列动画片《幻影集》（图1-22），此外，他还是首先利用遮幕电影技术，使动画与真人结合的第一人。法国不仅是欧洲第一个生产动画电影的国家，也是第一个成立动画工作室的国家。1919年，罗伯特·科拉德成立了他的第一个动画工作室。1984年诞生的Folimage工作室，在动画制作上，强调创作意识的自由发挥，动画作品荣获多个国际奖项，将动画向纵深方向和把个人的创作力发挥到了极点。

在法国动画产业的发展过程中，政府给予了很大的支持和投入。20世纪80年代，法国电影工业在政府辅助下，鼓励长篇动画片制作，逐渐走向轨道，进入繁荣发展时期。

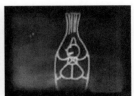

图1-22　动画片《幻影集》

（2）南斯拉夫动画

20世界50年代初期，南斯拉夫动画制作业出现了材料不足的状况，尤其是赛璐珞片奇缺，这种情况反而促成了举世闻名的"萨格勒布动画学派"的诞生。在20世纪60—80年代，曾经有两个国家的动画与处于垄断地位的迪士尼动画有着截然不同的美学趣味和文化个性，在世界动画界引起了广泛影响，一个是中国的"中国学派"，另一个便是南斯拉夫的"萨格勒布动画学派"。他们具有一种独特的、丰富的想象力，作品充满了自由探索精神和张扬个性。由于缺乏动画制作业材料，萨格勒布的动画家们发明了被称为"有限动画"的方法，进而造就了学派特有的艺术风格，以简洁的动画语言和非凡的音响效果传递丰富的内涵。20世纪50年代末60年代初，学派的创作进入盛期，作品《轻机枪鸣奏曲》、《月亮上的牛》和《游戏》等，成为艺术动画片的经典。由于萨格勒布动画学派杰出的艺术成就，南斯拉夫的萨格勒布已成为艺术动画的圣地。每两年在该地举办一次的萨格勒布动画节，也成为当今艺术动画创作的盛会。

（3）捷克动画

捷克虽然全国只有巴兰道夫一个电影制片厂，但在世界电影中，却一直占有重要的地位。捷克美术片风格别致，主要分为动画片和木偶片两种，尤其是动画片《鼹鼠的故事》（图1-23），在全世界深受欢迎。这部作品诞生于20世纪50年代，以小鼹鼠为主角的第一部卡通片《鼹鼠做裤子》1957年首度在意大利威尼斯影展中获得最高奖。小鼹鼠从此成为与唐老鸭、米老鼠一样受欢迎的经典形象，以它为主角的多部影片陆续在世界各地传播和获奖。

图 1-23 动画片《鼹鼠的故事》

（4）俄罗斯动画

在 20 世纪 60—80 年代，苏联动画片的影响力可以同美国抗衡。1907 年当"逐格拍摄法"出现后，摄影师、画家兼导演斯塔列维奇便开始独自从事动画创作的探险和实验，并最终获得成功。他于 1912 年创作的《美丽的柳卡尼达》、《摄影师的报复》等一系列作品，是俄罗斯也是世界动画电影艺术史上最初的艺术立体动画片。1936 年，莫斯科设立了专门摄制动画影片的"苏联美术电影联合制片厂"，苏联动画艺术的发展有了专门的基地。但是由于受到形式主义的影响及政府部门意识形态的干预，这一时期的动画数量较多，质量普遍不高，但也不乏优秀作品，如《黑与白》、《小风琴》等。普图什克于 1935 年拍摄的大型木偶片《新格列佛游记》标志着苏联立体动画片的发展进入一个全新的阶段。第二次世界大战期间，苏联许多动画家都投入到战争宣传片的制作中，苏联动画电影业迎来了它的黄金时期。1991 年底，苏联解体。从苏联解体到 2002 年，俄罗斯动画在形式上更加多元化，而动画的风格则更多地传达出忧伤和沉重的气息。如阿里克山大·佩特罗夫根据海明威名作摄制的《老人与海》。这些影片虽然有些晦涩，但同时也开创了动画片意识上的先锋性和实验性，对当代动画片具有深远影响。

【实训内容】赏析经典动画片
【课时要求】4 课时
【阶段成果】写出观后感

阶段二
动画总体设计

▶▶ 流程一　动画创意

【内容概述】动漫创意概述、环节、创意原则及动漫创作的发展趋势
【知识目标】了解动漫创意概念及环节，掌握动漫创意原则
【能力目标】具备动漫创意能力
【素质目标】具备敏感的观察能力和感觉能力

2.1.1　动漫创意概述

创意通常指人类大脑创造性的思维活动。按照《朗文当代英语辞典》的解释，创意是指"原创性、独创性、创造力"。创意正是对整个创作活动从构思到实施，从酝酿计划到统筹安排的一个完整过程，使自己的创作尽量不同于别人的创作想法，并显示出自己的某种创造性、独特性和新颖性，从而实现较大的文化、社会、经济效益。

动漫创意就是指在掌握动漫市场的基础上，运用动漫艺术手段将独特、新颖的创作意图呈现给受众的系统过程。

动漫创意者应该具备的素质包括：

（1）打破传统的勇气

创作者必须具有打破固有观念束缚的勇气，同时敢于接受新兴事物。这样才能突破固有创作模式，不断融入新鲜元素。

（2）有较强的艺术直觉

从事动漫创意，需要对身边的事物具有非常敏锐的创作直觉，并能够从中发现创意点，对其进行深入挖掘。

（3）深厚的人文素养

动漫是文化的视觉表现形式之一。动漫创意必须对中外历史、文化、科技、军

事等知识有较广泛的涉及。假如需要构建一个虚拟的动漫空间，如果没有相关知识基础，如何去实现一个丰满、成功的创意构思。

（4）敏锐的市场嗅觉

成功动漫创意的最后形态必定是以商品的形式出现，因此它终归还是要走向市场。在进行动漫创意之前一定要充分考虑动漫的市场定位。以敏锐的商业眼光捕捉动漫创意点，并紧密围绕创意点进行创作。

2.1.2　动漫创意环节

动漫创意需要经过两个主要环节才能够得以实现。首先，动漫创意产生的基础是准确的市场调研，只有在此基础上进行的创意策划才最具有说服力，才能最终将创意点落实在具体的创作活动当中。

市场调研分析：动漫市场调查是指对动漫创作生产有关的市场信息进行计划、收集和分析的过程。简单地说，就是通过相关的调研方法寻找"创意点"。同时根据市场调研的相关结论，选择具体可行的目标、市场策略及抽象的创意概念。

具体创意实施：指将抽象的创意理念作为艺术创作的首要准则，并通过相关手段加以具体实施的过程。

（1）市场调研分析

在进行动漫创作之前，必须从市场角度出发，挖掘具有市场竞争力的创意点。选择什么样的角度进行创意，应该首先考虑事件本身所具有的挖掘潜力，包括事件的社会影响力、煽情程度、娱乐性等要素。可以说，创意点是动漫作品的核心元素。抓住一个好创意点，实际上就抓住了动漫作品成功的关键。因此，在创作之前必须经过精心的市场调研，把握市场的走向，才可能开阔创作思路。

①市场调研的对象——动漫受众

从动漫商业化大环境的角度上来说，动漫作品实质上就是为了受众而创作的，并非是单纯的个人艺术行为。不管是什么样的作品，创作出来就是为了给观众欣赏的，这就是它的本质，是作品存在的一个必要条件。忽视受众的存在，轻视受众的审美水平而创作出的动漫作品势必将失去受众，进而进入死循环。动漫作为一种综合艺术形式的道德体现，必须有超前于受众的认知，敏锐地把握社会、时代背景下的潜在要求，从而发现并把握市场卖点，才可能直接切入创意的核心。

动漫虽然是大众艺术，但是面对不同受众群体所具有的不同人生观、价值观，单一的动漫类型势必不能满足所有受众的审美需求。1953年，日本动漫大师手冢治虫认识到应该按照不同的受众群制作不同的动漫作品，并且推出了第一本少女漫画《蓝宝石王子》（图2-1）。从此日本漫画开始按照受众的年龄、职业、性别不断细化，派生出了儿童漫画、少年漫画、少女漫画（图2-2）、青年漫画、女性漫画和成人漫画。

图 2-1　少女漫画《蓝宝石王子》

图 2-2　少女漫画《寻找满月》

②市场调研的方法

观察法：是指在不直接干预的条件下监视被调查者的行为。通常运用于研究顾客购买的过程。这种方法的特点是结果比较客观，但是无法深入了解类似于被调查者的心理态度这样深层的和倾向性的问题。

实验法：在调查过程中，调查员可以改变一个或多个变量，如价格、包装、设计、广告主题或广告费用，然后观测这些变化对另外一个变化的影响。这种方法通常用来测试新产品的上市情况。

调查法：即通过调查问卷或口头问的方式了解被调查者的方法，是收集资料中运用最为广泛的方法。

③市场调研的流程

明确调研目标→设计调研方案→调研问卷设计→实施调查→数据分析→撰写报告。

④市场调研的结论

市场调研的最终目的是为动漫创意提供直接的市场数据，从而确定或者调整动漫作品的市场定位，市场调研的分析结果直接关系到动漫作品的成败。在此阶段，我们主要把通过各种途径收集到的所有关于动漫市场的相关资料进行归档整理，发现动漫产品在市场上面临的问题与机遇，从而使创意点不至于偏离市场轨道，为后续的具体创意工作提供明确可靠的创作依据。

（2）具体创意实施

①故事情节创意

动漫的最大艺术特征就是能够实现不同时空对话的虚拟性，人类由此可延伸自身的视域空间，将丰富的想象力无限释放。情景创意的关键就是如何建立现实空间与虚拟空间的对接。故事的情景创意可以分为以下几类：神话传说、历史再现、未来幻想、生物社会、异度空间。《圣斗士星矢》是以希腊神话为背景而创作，《哪吒闹海》则是根据《封神演义》改编的，如图2-3所示。以历史故事为创作蓝本的《三国志》，就是将诸侯争霸的三国时代经过动画艺术的再创作展现在人们面前。以未来世界为故事背景空间的动漫作品举不胜举，《超时空要塞》、《最终幻想》、《超时空舰队》、《攻壳机动队》等作品让我们看到未来世界的人情冷暖和爱恨离别。美国迪士尼动画片《花木兰》改编于我国古典民歌《木兰辞》，这些故事可谓家喻户晓，将它们再现荧屏，用动画的手法去描绘，显然在故事中悬念感的设置难度更大，除了故事本身，用何种方式吸引观众呢？成功的例子也非常多，如《花木兰》在人物方面增加了李翔、木须龙和蟋蟀等一系列角色，李翔角色的设置使花木兰的故事增加了一条爱情主线，片中时而出现的一些"快乐的音符"，也使整个影片首尾呼应，如图2-4所示。木须龙、蟋蟀角色的设置，带有典型的迪士尼一向重视塑造主角身边配角的风格，这些可爱的、古灵精怪的小同伴，为影片增加了不少幽默滑稽的笑料。从叙事方式上分析，灌输式、强制性的说教模式不利于影片与观众的沟通，容易将观众置于作品以外。如何将严肃的问题借用幽默的表现手法，使观众在观看后自愿地接受，是动画创作者需要解决的问题。《贪婪的鬼子》描述了蛮横无理的小鬼子对中国百姓的强抢豪夺的故事。故事通过幽默搞笑的语言和夸张的造型使观者了解了战争年代的艰辛。综上所述，故事情节创意可以使古老的故事新颖化，严肃的问题轻松化，深刻的道理风趣化。

图2-3 《哪吒闹海》

图2-4 《花木兰》

②角色创意

所有的角色都是在研究剧本的前提下创作的，动画角色必须符合简洁性、延续性、对比性。从商业角度看，角色需要简洁，简洁则意味着节约成本。从观众角度看，角色也必须要简洁，观众进影院欣赏电影为的是摆脱疲劳、缓解压力，假如角色的设计过于复杂、阴沉，不能给人带来快乐，影片很难赢得观众。因此在设计角色的时候要遵循这一规律，要注意角色的简洁性。同时还需要延续角色，开发周边产品。角色性格必须体现整体的创作意图，角色性格要有所差异，角色性格要与特定的环境发生冲突。其中包含两层意思，第一是角色的整体性。为了让观众在短时间内了解影片，不至于思维混乱，就要保持影片角色的延续性，也就是说，要让观众对角色有一个整体的认识，在设计角色时，要注意角色之间的联系，角色之间的差距不要太大，要有内在的联系，给人整体的感觉，让观众自然而然地记住角色。第二是角色的扩展。根据剧情的发展扩展角色，例如，《大闹天宫》中孙悟空小时候的造型和成年后的造型很近似，只不过在体态上有所差别。在设计角色时要注意它们的延续性，才会让观众觉得是小悟空和大悟空，如图2-5、图2-6所示。

图2-5 《大闹天宫》中小时候的孙悟空　　图2-6 《大闹天宫》中成年的孙悟空

从视觉审美角度看，需要在对比中体现变化，如果设置太多类似的角色，也很难有好的效果。必须有对比，包括颜色的对比、冷暖的搭配、角色方圆轮廓的对比、角色之间的形态对比等。要适度夸张，给人对比鲜明的感觉。例如皮克斯公司出品的《怪物公司》（图2-7）中毛怪的搭档电眼帅哥的造型，体现了一种很滑稽的对比。从色彩方面看，五颜六色的毛怪和绿色电眼帅哥，对比鲜明，形态变化也很明显，让观众记忆深刻。动画角色的创意超越了现实的拍摄场地、天气、人员等羁绊，可以天马行空，肆意驰骋，其魅力是无限的。但是，动画影片的角色创意，必须既符合设计的规律性，又发挥其创造性，因为这在很大程度上可以决定作品的风格。在创意过程中，一定要理解动画角色的艺术性，设定观众乐于接受的角色，不能盲目随波逐流。

③造型、动作创意

在造型设计中采用富有幽默因子的动画角色造型，不管这个角色是动物、人物，还是富有人性的任何物体，只要是成功的造型，就好似一个精灵，一个被动画家们赋予生命、情感的有思想的精灵，当它跳入人们眼帘时，它自身强烈的感染力会让人们无法拒绝它的存在，随它忧而忧，随它乐而乐。一部好的动画片必定有好的造型，才能充分传达出故事情节和人物性格，给人以赏心悦目的视觉效果。很难想象，一个丝毫不能引起观众共鸣的动画造型所发生的故事会很吸引人。没有一个导演会忽视影片里的角色造型，造型是一部动画影片的基础。《贪婪的鬼子》中鬼子的造型设计，来源于真实日本兵的形象并加以提炼和夸张，鬼子造型的胡子及着装使观者第一印象就是日本兵，其次夸张的门牙、体态和眼神又使鬼子的贪婪和强横表现得淋漓尽致（图2-8）。

图2-7　《怪物公司》中的毛圣和电眼帅哥　　　图2-8　《贪婪的鬼子》中的鬼子

动作的基础是动画片的灵魂，它是动画片所要传达的内容，它的形式会直接影响动画片的形式。幽默与戏剧性是动画角色动作设计的主要特征，动作设计的风格与造型风格息息相关，如果造型风格是夸张、漫画化的风格，动作设计也应是夸张及漫画化的。一些极度夸张的动作设计甚至给人以荒诞、离奇、匪夷所思之感，但它符合人的幻想或潜意识中的形象样式，因此这种"过度"的表演与动作设计是符合艺术创作规律的，也是合情合理的，观者会非常清楚地意识到，这只是表达特定的情感、情绪、理念，是将生活中常见的某种表情放大成为一个特别的视觉符号。这种符号给人以新奇的视觉与心理感受，或愉悦有趣，或刺激兴奋等，与以往的视觉经验不同。这种别样的感觉正是动画的独特魅力，更是动画中动作设计所要追求的目标。

2.1.3 动漫的创意设计原则

（1）情感性

情感性既是观众欣赏动漫作品的心理需求，也是动漫创意的主要源泉，动漫创作者往往通过内心情感的表达，让观众去体会、感受和审美。

情感是人类的灵魂，是人类生存不可缺少的精神寄托。亲情、爱情、友情和对社会或者民族的大爱等各种人类情感的表达是许多动漫作品进行创意设计的源泉。例如许多动漫广告就是以动漫的形式进行情感的诉求，以感情为主线进行创意设计，以期通过情绪与情感的唤起而在情感与品牌之间建立积极的联系，往往能够获得消费者的心。

动漫在很大程度上是一种艺术商品，那么动漫创意设计者就要更多地考虑符合大众情感需求的基本法则，如符合真、善、美的善恶法则、英雄法则。"人性本善"，社会中每个人对追求美好生活和拥有积极乐观的生活态度都有所期盼，但在现实生活中往往不可能有绝对的公平和公正。人们的心灵需要抚慰，压抑的情感需要宣泄。对于儿童也是如此，"好"与"坏"是儿童判断客观世界是非的最基本的方式，因此善与恶的冲突往往是主流动漫的基本线索，诸如蓝精灵与格格巫、葫芦娃与蛇精等，而故事在最后的结局往往是正义战胜了邪恶，达到了惩恶扬善的目的。

（2）娱乐性

随着社会生活节奏的加快，加重了人们心理的承受负担。人们为缓解心理压力，就会有合理宣泄压力的渴望，儿童更是具有追寻快乐的天性，而动漫具有表现轻松、诙谐、幽默、滑稽等内容的优势。据我国动画传播状况的一个研究表明，受众观赏动漫的主要目的是为了"放松身心和娱乐消遣"，这表明娱乐性是受众观赏动漫的首要目的。

娱乐性的动漫作品往往具有幽默的特点，这类动漫作品占有相当的数量和重要地位。例如美国迪士尼公司的《米老鼠》、《唐老鸭》系列，华纳公司的《欢乐小旋律》系列，汉那和巴贝拉创作的《猫和老鼠》（图2-9）、《燧石时代》系列等都是为了娱乐观众，观众笑声的大小往往意味着动画片成功的多少。迪士尼公司的高飞（Goofy）是一个和蔼的傻大个，大大咧咧、天真笨拙，具有狗的外形，却完全是个"人类"形象（图2-10）。在《魔术师高飞》中，高飞可爱的动作，经常性的忘词与错词，以及高飞念咒语将自己升到空中，结果下不来了，高飞急得手脚挥动，哇哇大叫，让人们在欣赏这类动漫时得到了身心的放松、愉悦与满足。因此，动漫在创意设计方面应注重娱乐功能的发挥。

图 2-9　《猫和老鼠》剧照

图 2-10　《魔术师高飞》剧照

（3）哲理性

动漫不仅具有娱乐性，还可以通过综合视听语言，阐述具有深刻意义的道理，在娱乐之后带给人们更多的是思考。通过对动漫受众的调查，年龄越大的受众越注重动漫作品的人文内涵，因此在进行动漫创意设计时应注重人文精神的升华。

克罗地亚动画家波里沃基·多维尼考维克·波尔多创作的《学走路》讲述的是一个孩子在学走路的过程中，有 4 个大人分别教他遵循某种规则，如要甩胳膊、走正步、单脚用力、头腹互动等。完全遵循了大人们的教导，孩子却不会走路了。思考良久之后，孩子扔掉了大人们给他的奖牌，顶住了大人们给他的种种压力，坚持不按别人给他设置好的走路规则，愉快地走出一条自己的新路来。

具有哲理性的动漫作品可以潜移默化地净化受众的心灵。其中所渗透的人文内涵对意识形态的作用是不可低估的。例如，迪士尼的动画不仅让人们开心一笑，它所宣扬的"勇敢、坚强与努力"的精神曾影响几代人的价值观。日本动画大师宫崎骏的作品之所以能够获得全世界受众的喜爱，主要是因为其中包含的人性化的力量所引起的受众心理的共鸣。因此，动漫作品的主题立意应具有思想高度和思想价值，这是动漫创作的思想基础。

（4）幻想性

爱幻想是人类的一大天赋，更是人类勇于探索未知领域的强大动力，而动漫作为一种特殊的艺术表现形式，特别适合幻想题材的表现。源于生活而又高于生活，或者说远离生活的幻想是人们喜爱动漫的又一主要原因，也是动漫区别于其他艺术形式的主要特征。

《千与千寻》中充满奇特想象的神仙澡堂，各种稀奇古怪的神仙都会到那里美美地泡澡（图 2-11）。《怪物史莱克》生活在一个"拼盘世界"，灰姑娘、白雪公主、三只小猪等神话角色就生活在人类周围，就像普通的邻居（图 2-12）。《海底总动员》有着如现代大都市一样繁华的海底世界。这些动漫作品为观众营造了丰富多彩、变幻莫测的幻想世界。多数动画片的故事也许跳不出"正义战胜邪恶"、"小人物变英雄"、"善有善报"的模式，但是每个动漫中幻想的那部分却绝对是新鲜的、原创的，成为其中最独特的、标志性的那部分。

动漫创意设计的重要部分就是营造具有原创性的幻想空间。动漫的首要责任就是把生活卡通化，强调在动漫中充分发挥幻想和夸张的特性。

图 2-11 《千与千寻》中的浴室画面

图 2-12 《怪物史莱克 3》中的公主会面

（5）时尚性

动漫产业被誉为 21 世纪最富有活力的朝阳产业。在进行动漫创意设计时应赋予动漫鲜明的时代特色。

不论是动画短片、动漫广告、动漫游戏，还是动漫贺卡等，都已经成为现代人精神生活的一部分，因此要能够满足人们不断提高的欣赏需求和求新求变的心理需求，并且具有一定的引导力。动漫的时尚性可以表现在各个方面：时尚的造型设计、时尚的题材、新颖流行的对白、贴近现代生活的故事情节，乃至新技术、新手法的运用等（图 2-13）。

图 2-13　时尚造型

（6）艺术性

艺术性可以是精美的画面，也可以是艺术形式的探索。动漫受众的审美心理决定动漫作品的视觉艺术性。主流动漫一般追求精美的画面，使受众获得视觉美感。这些美的因素作用于受众的各种心理机制，可以唤起受众的审美情感、诱发想象或促进联想，充分满足受众的审美心理需求。例如，《千与千寻》中对日式传统建筑的描绘，细部的刻画一丝不苟，体现出画技的严谨，设色华美绚丽，注重光与色的协调与美感，以真切优美的画面表达主题思想，渲染环境气氛（图 2-14）。

图 2-14　《千与千寻》剧照

2.1.4　动漫创作设计发展趋势

（1）在受众定位方面更加多元化

"定位决定创意"，动漫受众的多种多样和动漫受众自我实现心理的各不相同，决定了动漫不能只做一种类型的作品，只面向一个受众群体，而是要朝着多元化的方向发展。

在我国，随着动漫产业的逐步开放和发展，动漫工作者们越来越认识到受众定位对于动漫的重要性。第五影像空间文化传播有限公司的总裁于梦说："创作的关键是要弄明白你的受众是谁，也就是谁会看你的东西。要是你的定位就是给小孩子看的，那你就要明白小孩子到底喜欢什么。例如，《奥特曼》（图 2-15）这种动画成年人会感到幼稚，但是小孩子非常喜欢，不一样的视角产生不一样的作品定位。把握了一个特定阶层喜爱的元素，剧本其实是可以量化生产的。"他们在制作第一部 3D 动画片《蔬菜宝宝》（图 2-16）中就调换了传统流程顺序：先做人设，后写剧本。在动画创作前期，先做了大量的市场调查，然后再做创意设计。将角色设计为中国观众耳熟能详的大白菜、西红柿等蔬菜形象，结合不同性格，塑造了一批个性鲜明的角色，让人感到既熟悉而又新鲜。在试映不久就赢得了不同地区、不同年龄层次的人们的喜爱，引起了共鸣。

图 2-15　《奥特曼》

图 2-16　《蔬菜宝宝》

（2）在创意取材方面趋于全球化

每一个国家、民族的人们都有自己独特的传统和文化，不限于地域和文化，题材丰富的动漫作品给受众以新奇感。因此针对受众的求新求异心理，动漫在创意取材方面越来越走向国际化。

例如，美国制作的《狮子王》是从英国莎士比亚的经典剧《哈姆雷特》获得的灵感，讲述了小狮子辛巴在朋友的忠心陪伴下，经历了生命中最光荣的时刻，也遭遇了最艰难的挑战，历经生、死、爱、责任等生命中种种的考验，最后终于登上了森林之王的宝座（图 2-17）。《花木兰》（图 2-18）取材于我国的民间故事《木兰辞》，讲述的是一个中国古代少女代替父亲从军的传奇故事，在风靡全球的同时也将中国古代传奇故事推上了世界影视舞台，更为迪士尼公司的动画片注入了全新的活力和生命。日本的《最游记》、《龙珠》（图 2-19、图 2-20）改编自我国的神话传说《西游记》，《罗宾汉》取材自英国的民间传说。相对于国外来说，我国的许多动画片在取材方面就有点狭窄，多限于我国的古典名著、历史典故、神话传说等，不能很好地满足受众求新求异的心理需求和日新月异的审美口味。

图 2-17　《狮子王》

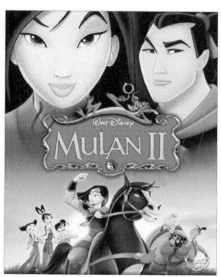

图 2-18　《花木兰》

图 2-19　《最游记》

图 2-20　《龙珠》

（3）在风格创意方面更加多样化

风格在辞海中的解释是：作家和艺术家在创作中所表现出的艺术风格和创作个性。动漫作为一种综合艺术，也有自己的风格，它的形成主要依赖于以下几个方面：创作者的风格、美术的风格、叙事的风格、音乐的风格等。所有这些风格综合起来形成整部作品的风格，在动漫的创意设计中基本确定下来，成为整部作品的基调。

例如，美国动画片经过了自身的发展，形成了与日本截然不同的风格。它以剧情为主导，设置曲折动人的情节，使影片显得生动有趣，且人物性格鲜明，缘于美国人乐观进取的民族心理，所以甚少悲剧。以迪士尼的《花木兰》为例，它虽然取材于中国的《木兰辞》，但将美国的现代理念融入中国的古老传说中，原本简单的"代父从军"添加上了"相亲"、"爱情"和"护君"等情节，使整部影片的情节显得跌宕起伏（图2-21）。而创意者为了强化夸张滑稽的风格，特意给《花木兰》配上"木须龙"的形象（图2-22），为龙不尊，犹如小丑，惹人捧腹。另一方面，迪士尼为了迎合东方审美情趣，特意为该片设置了与迪士尼以往动画片有所不同的风格。由于是中国的经典传说，所以无论是在画面视觉上还是整体风格上都有意识的借鉴了中国画的一些技法，工笔与水墨相结合、点与面相结合、虚与实相结合，显得意境源远流长，突显出浓郁的东方韵味。在美国先进的动画制作技术的帮助下，形成了写实与写意完美协调平衡的风格。

图2-21　《花木兰》中的木兰与李翔　　　图2-22　《花木兰》中的木须龙

（4）艺术与技术的结合更为紧密

动漫作为艺术与文化、科技结合的产物，艺术与技术的完美结合一直是动漫创作追求的最高境界。技术的发展不仅冲击和改变着动漫的观念，而且扩展了动漫的创意设计。独具中国特色的水墨动画就是一个很好的例子。水墨绘画是我国优秀的民族艺术传统，在国际上也享有很高的声誉。代表作有《小蝌蚪找妈妈》（图2-23）、《牧笛》（图2-24）。怎样在动画设计中大量运用水墨艺术元素，以求动画创意设计、艺术表现上的创新，以及传承和发扬传统文化，是动漫设计者们思考的问题。在如今动漫产业日新月异发展的新形势下，怎样更好地发扬民族文化艺术传统，走出一条具有中国特色的动漫之路，一直是我们思考和努力的方向。许多独具中国特色的艺术元素融入动漫中，并与新技术结合，给中国动漫注入了新的活力，也预示着动漫创意未来的走向必然是将艺术与技术更紧密、更有机地融为一体。

图 2-23　《小蝌蚪找妈妈》剧照　　　　　　图 2-24　《牧笛》剧照

2.1.5　动漫创意实例

《贪婪的鬼子》（图 2-25）的创意出发点是描写战争年代小鬼子欺压中国百姓，百姓与鬼子斗智斗勇的一个片段。故事发生在一个环境优美的小村庄，一个农民小孩和一只小狗，在河边架起的火堆上烤他们刚刚从河里捉的一条鱼，小孩正张着嘴，瞪着大眼睛盯着烤鱼，小狗也摇着尾巴，点头蹬腿，急切地等在一边。临近的哨楼上有三个放哨的鬼子，其中站岗鬼子用望远镜发现了小孩烤鱼，馋得他口水直流，给小队长捶腿的鬼子瞟到了站岗鬼子流下的一堆口水，便跑过去蛮横的抢过望远镜，自己看了起来，边看边流口水。正躺着抽烟享受的小队长瞟见捶腿兵不停地流口水，强横地抢过望远镜到处寻找，当他看到烤鱼时，立刻瞪大了眼睛，流出了大量的口水。小队长放下望远镜，气势汹汹地指向小孩的方位说："开路！"接着日本兵与小孩开始了斗智斗勇的过程。该动画以娱乐为主，无论是从鬼子贪婪的神态，鬼子被孩子戏要的过程及小狗的动作都极具戏剧性，同时又饱含强烈的寓意性，通过观看该动画片，使观者记住日本鬼子对中国百姓的欺压和掠夺，呼吁我们勿忘国耻，用我们的智慧和勇气战胜敌人。

图 2-25　《贪婪的鬼子》

动画造型上的创意：

小男孩：小男孩的造型是大大的脑袋及头上圆形短发，配上大眼睛、大嘴巴、圆圆的鼻子、瘦弱的身子，非常可爱。小男孩的衣服短小且有补丁，可以看出当时百姓的穷苦，生活的艰辛。小男孩一边拿着一个大木棍穿着的鱼，一边挠屁股，也反映了百姓在日本人的压迫下没有食物，在恶劣环境下寻找食物的艰辛。

小队长：小队长的造型是"由"字脸型，大脸，大嘴，小眼睛，红肿的鼻子，典型的日本胡子，肥胖的身子，臃肿的体态，使观众一眼就可以感受到这是一个贪婪的日本军官形象，小眼睛及夸张的眼镜更是起到了点睛之笔，使日本军官丑态发挥到了极致。

捶腿兵：捶腿兵的造型是尖下巴，长长的嘴巴，细长的眼睛，三角形的鼻子，黑青的下巴，八字胡，灰色头盔，使观众即刻感受到尖嘴猴腮的形态。

哨兵：哨兵的造型是长长的内凹脸，相扣的八字眉，淡紫色眼圈，三角眼，尖鼻子，日本胡子，两颗夸张的大门牙，使整个鬼子形象既丑陋又搞笑。

小狗：小狗的造型是圆圆的脑袋，瘦小的身子，很可爱，与小男孩的形象相协调。

【实训内容】完成公益广告创意设计
【课时要求】8 课时
【阶段成果】形成文字创意描述

▶ 流程二　剧本编写

【内容概述】撰写故事大纲、分场大纲及剧本；为动画及电视剧集制作提供文案及创意支援

【知识目标】了解剧本的创作原则，掌握剧本写作方法
【能力目标】掌握文学创作的基础能力和剧本写作能力
【素质目标】具备一定的文字功底，富有创意、想象力和幽默感

　　动漫剧本是一部动画片从无到有最为基础与关键的环节。它的好坏直接影响动漫作品的质量。动漫剧本创作是一个包含策划、写作等多方面知识的专业工作。

2.2.1　动漫剧本概述

　　动漫剧本是指以文字为媒介，描述、营造具有视觉感的场景和画面，塑造生动、鲜活的动漫人物，编织精彩的故事情节。剧本剧本，一剧之本。剧本是影视剧的根本。我们总是要先从剧本开始，把构思的故事变成具体的文字，来表达具体的人物性格、情节和场景，再由制作部门变成一组组的画面镜头。

　　动漫剧本是剧作家提供给导演的文字故事稿，是导演制作画面分镜头的依据。因此，与小说、戏剧相比，动漫剧本更注重画面感、视觉性。

2.2.2　动漫剧本类型

　　动漫剧本的类型根据不同标准，可以划分为不同的类型。从题材上划分，一种是非现实类题材，一种是现实类题材。从风格上划分，一种是动作类，一种是故事类。从发布与传播形式上划分，有电影类、电视类、网络类，还有一种形式是直接发行录像带。从受众角度划分，有成人类、儿童类和幼儿类。从片长上划分，有长片和短片，其中有些短片还可以分为连续剧和系列剧。这些类型，常常混合在一起进行使用。因为不同类型的动画片将会有高低悬殊的制作费用，所以在创作动漫剧本时，应按照制作费与周期的不同来策划动漫剧本写作的类型。下面从剧本角度入手，主要介绍最为常见的动漫类型。

　　（1）动作类与故事类

　　从风格上划分，可以分为动作类动漫与故事类动漫两种类型，前者注重视觉效果，后者注重人物对白。

　　①动作类

　　动作类动漫主要以人物运动作为主要特征，人物的动作成为推动情节发展的主要内因。在动画发展过程中，此类作品出现最早，发展最为成熟，也是区别于故事电影最典型的动画类型。米高梅出品的《猫和老鼠》可称得上是动作类系列动画短片的集大成之作。系列短片中的每一集都是汤姆和杰瑞之间的一场动作战争，人物

动作在这一系列短片中被发挥到了极致（图2-26）。国内电视台热播的大型武侠动画片《虹猫蓝兔七侠传》（图2-27）也主打动作牌，堪称近几年国内动画电视片的经典之作。

图2-26 《猫和老鼠》中的猫追逐老鼠

图2-27 《虹猫蓝兔七侠传》

②故事类

故事类动漫作品是相对于动作类动漫而言，主要人物的性格多通过对白来表现，情节发展也多以戏剧的情节来推动。例如，日本动画电视系列片《蜡笔小新》、《名侦探柯南》等（图2-28、图2-29）。

图2-28 《蜡笔小新》

图2-29 《名侦探柯南》

动画剧本与故事电影中的动作片和歌舞片剧本有着一定的共性，它们都会有一些专门的表演、展示的段落，视觉感较强，这正是动画艺术表现的强项。因此，很多动画剧本在情节上都有意识地加入一些动作段落和舞蹈段落。例如，《冰河世纪3》里导演给那个坚忍不拔追求松果的松鼠安排了一场艳遇，雌松鼠跳华尔兹的场景，音乐优美，舞姿美妙搞笑，非常经典（图 2-30）。

图 2-30　《冰河世纪 3》

（2）现实类与非现实类

从题材上划分，动漫可以分为两种，一种是现实类题材，一种是非现实类题材。

①现实类

现实类动漫作品主要指人物、动作及人物发生动作的场景，都是现实空间所存在的。与非现实类动漫作品相比，它出现的时间较晚，作品数量较少。主要原因在于，动画片与生俱来具有表现非现实性场面与人物的优势。大部分动漫制作人认为，如果动漫作品表现现实类题材，就失去了天马行空表现的可能，失去了动漫的特性。然而，现实类的故事与人物，如果进行合理的夸张与想象，同样可以通过动漫的形式制作出独特的效果。这首先就要求动画剧本作者拓宽思路，突破创作的局限。我国现实类动画短片的代表作品有上海美术电影制片厂制作的《三个和尚》（图 2-31）和《骄傲的将军》（图 2-32）。

图 2-31　《三个和尚》

图 2-32　《骄傲的将军》

日本在现实类动漫作品中的表现尤为突出，如影院长片《侧耳倾听》（图2-23）、《萤火虫之墓》（图2-34），电视系列动画片《蜡笔小新》、《聪明的一休》、《名侦探柯南》等，或在艺术上有所发展，或在收视率上有着不错的成绩。

图2-33 《侧耳倾听》　　　　　　　图2-34 《萤火虫之墓》

②非现实类

非现实类动漫故事大多改编自童话、传说。故事中的人物一般具有某方面的超能力，情节展开的空间通常是天堂、太空或是地狱等人们想象出来的场景。主要特点是情节的发展可以摆脱现实空间的束缚，人物动作可以超乎常理。非现实类动漫故事在各国动漫作品中都占有很高的比例。因为故事中出现的超现实场景与人物在实拍片中很难表现，这也成为动漫艺术的表现优势，如美国的拟人童话类动画片《玩具总动员》、冒险科幻类的《爱丽丝梦游仙境》（图2-35），日本的《百变小樱》、《魔界战记》、《千年女优》（图2-36）等。

图2-35 《爱丽丝梦游仙境》　　　　　图2-36 《千年女优》

（3）影院片与电视片

按照播出方式，动画片可以分为影院片和电视片。

①影院片

影院片主要指在影院里进行放映的主流商业影片，放映时屏幕大，画面质量要求较高。影院动画片的投资较大，剧本需要符合大多数观众的口味，以获得尽可能多的商业回报。因此剧本写作策划前，要做详细的市场调研。有些在艺术上有很高成就的影片，在商业上并不成功。这就要求动画商业电影必须走大众化的路线。以美国动画影片中票房较好的《狮子王》为例，此类影片剧本结构规整，主要人物类型化，正反人物性格鲜明，剧情起伏较大，更能满足成人观众的需求，从而扩大了影片的观众群。

②电视片

电视片主要是通过电视播出的影片，其中包括连续片和系列片。其特点是有特定观众群，故事情节清晰、有趣。电视片的长度有三种规格：5分钟、10分钟和20分钟。电视片集数的策划主要是根据播出的时间来进行。有些国家的动画片是每周一集，按照一年内播出，需要制作52集（一年有52周），集数更少的可以在一季度或是半年内播完。还有一类大型电视长篇，没有固定的集数，每天播映。通常这样的剧本是边播出边完成，如果受欢迎就继续播出，否则就停止。电视片在进行剧本策划时，主要考虑的是观众定位的问题。因为电视片与影院片相比，产量较高，在家中观看动画电视片的观众可选择的范围较大。例如，适合小女孩观众群的《花仙子》（图2-37）、《芭比娃娃》，适合小男孩观众群的动作性较强的《奥特曼》（图2-38），适合少女的《美妙旋律》（图2-39），适合少男的《火影忍者》（图2-40）等。

图2-37 《花仙子》　　　　　　　图2-38 《奥特曼》

图 2-39 《美妙旋律》　　　　　图 2-40 《火影忍者》

（4）商业片与艺术片

商业片一般指影院片。下面主要介绍艺术短片。艺术短片主要指具有个性风格的动画作品，观众定位于成人。不同于商业影片的是，此类短片多为非商业投资，旨在探讨深刻哲理或做某些技术试验而用。主要盈利方式是参加电影节，也有些会集合在一起由电视台播出。艺术短片的剧本一般不遵循戏剧的叙事原则，极少使用常规剧作技巧，更多的是灵感与创意的结合。建议初学动画剧本写作的同学不要模仿此种类型。

2.2.3　动漫剧本的写作格式

在开始写作动漫剧本前，首先要了解动漫剧本的写作格式与流程。剧本写作的格式与过程千差万别，没有统一的规定，以下所介绍的仅是较为常用的手法。剧本的格式要求剧作家按照场景、镜头来写作。简单来说，场景就是情节发生的空间，场景由多个镜头组成。镜头是影视作品的最小单位，单个镜头就是从开机到关机之间的内容。这看似简单的原则，是进入专业剧本写作的第一步。如果剧本中出现一句描述性的文字，例如："一只小兔子蹦蹦跳跳地来到兔耳狼的车上。"导演可以用 1 个全景镜头，也可以用 3 个或者 5 个不同的短镜头来拍摄，最后达到小兔子蹦上车的效果，因此剧作家不用去考虑诸如分镜头与摄影机拍摄角度的问题。下面通过《贪婪的鬼子》中一个场景的剧本来看一下剧本的格式（图 2-41）。

场景 3：林间河边 / 接近中午

在一个环境优美的林间河边旁，一个穿着破旧衣服的小男孩正在河边架起的柴堆上烤鱼。火堆上的鱼正冒着香气，小男孩一边翻动着鱼，一边挠着被蚊虫叮咬的屁股,眨着大眼睛,张着大嘴,时不时地说真香啊!一只小狗不停地点着头,摇着尾巴,蹬着后腿,着急地等在旁边……

常规剧本写作形式的关键点:第一,场景号;第二,具体的时间、地点;第三,场景内的主要人物。这些关键点是国内较为常见的剧本写作方式,有时制片人或导演对剧本会有更为细致的要求,主要是剧本中新出现的人物名称字体要有变化,剧本中出现的对话要居中或是有字体上的变化,特殊的声音效果需要注明等。

图 2-41 《贪婪的鬼子》场景 3

2.2.4 动漫剧本的写作步骤

动漫剧本的写作主要是介绍一个剧本如何从无到有的过程。不同类型动漫剧本的写作过程有着一定的差别,例如,影院长片的剧本一般主要由一个人主笔完成。而动画电视片因为播出间隔时间短,很多影片都是边播出边写作,因此这样的剧本就需要由几个人组成的团队进行写作。

以下是写作过程中的基本步骤(这些步骤的名称每个人有不同的习惯,但包含的内容大体相同)。

(1)故事梗概

故事梗概用来交代主要的人物与人物关系、主要情节及最后结局。通常半小时的剧本,需要写 1000 字左右的梗概内容。当然,对于投资人而言,梗概情节越详细越好。但切记,在梗概中不要有过多的描述性内容。简单地说,梗概就是剧本中最精练的内容,就是人物在实现目标过程中的主要行为动作。例如,《贪婪的鬼子》的故事梗概:在一个优美的林间小河边,一个饥饿的小男孩正在烤着他刚捉到的两条鱼，这一幕被驻守在不远处的三个鬼子看到了，三个鬼子为了得到烤鱼，与小男孩展开了一场滑稽搞笑的争夺战，最后小男孩在其他小伙伴的帮助下打的小鬼子落荒而逃。

（2）分集大纲

如果是电视连续片，就需要在梗概的基础上写分集大纲。如果是影院长片，可以直接写分场大纲。其目的都是在梗概的基础上，具体呈现故事的情节点。例如，《海底总动员》的大纲，最起码应该把马林寻找所遇到的阻隔、矛盾及尼莫企图逃脱时所遇到的险情都——具体化。写作过程中，如果发现原有的那些情节点无法展开，那么就要将其纠正。诸如人名、地名等信息也都要在这个过程中确定下来。分集大纲是剧本写作的指导手册，如果将分集大纲写好，动漫剧本就成功了一半。

（3）写作剧本

剧本的写作主要是根据梗概，加入人物对白、动作和场景的描写。在写作过程中，要注意刚刚介绍过的写作格式，注意语言的可视性，因为剧本最终是用来拍摄的，而不是用来阅读的。

2.2.5 动漫剧本要素

（1）主题

简单地说，主题就好比是一篇文章的中心思想。不同的是，动漫剧本的主题都是由动作组成的。动作就是人物的行动。用一个公式表示：主题＝人物＋行动。确定了主题就等于确定了故事最核心的内容——人物与事件。动漫剧本的主题要求简单、明确，矛盾、冲突集中，主线清晰。例如，《贪婪的鬼子》（图2-42）的主题是"表现鬼子的贪婪与强横"，《千与千寻》（图2-43）表面上看是千寻解救母亲的过程，实际上影片的主题是"千寻成长的过程、寻找自己的过程"。

图2-42 《贪婪的鬼子》　　　　　图2-43 《千与千寻》

（2）人物

人物是剧本写作的基本要素，因为故事、情节都将附着在人物身上发挥作用。人物的性格需要通过对白与动作来表现。在写作剧本之前，最关键的是要了解故事中的人物，这种了解不仅仅局限于人物的外貌、形体、动作等特征，应更深入地去了解人物所具有的这些外部特征的内在原因，即当一件事情发生时他所做出反应动作的原因。任何一部作品中，人物都不可能是一个，那么如何能让主要人物从一群人物中凸显出来呢？这就需要确定主要人物需求，让主要事件围绕核心人物进行。设计配角的任务，让他协助主要人物完成主要动作，在此过程中塑造性格。

①确定人物的需求

剧本中主人公想要赢取、获得、力争的是什么，将成为整个故事的内在动因，也是故事情节围绕的主线。故事的展开就是针对人物的需求设置障碍，在需求不断满足的过程中完成故事。同时，在矛盾与障碍解决的过程中，使人物发生动作，完成人物的塑造。

②动漫剧本中的配角

动画电影与故事片比较，人物关系相对简单。影片的人物关系具有较为固定的模式，例如经典美国动画影片的人物关系呈现出两种主要形态，一种是与主人公合作的人物关系，一种是与主人公对立的人物关系。美国动画电影以迪士尼为例，主角身边的配角宠物，一般是最为重要的合作关系人物。如迪士尼制作的动画片《白雪公主》（图2-44）中，七个小矮人成为影片中重要的叙事元素。影片有很大篇幅都是用来刻画小矮人及白雪公主与小矮人之间的关系的。

（3）场景

场景就是人物动作发生的空间。很多人认为这属于场景设计的工作，其实不然。任何一部优秀的动画影片，都会让观众记住一个或几个关键的场景。例如，《海底总动员》中的海蜇群场景（图2-45），寻找尼莫唯一的线索"蛙镜"掉入深海黑沟；《千与千寻》（图2-46）中的大浴池；《狮子王》中奔跑的动物群（图2-47）。

同样的事件，是让它发生在室内还是室外？汽车里还是火车上？花园里还是酒吧间？另外一个因素是时间，这个场景是白天还是晚上？清晨还是傍晚？选择适合的场景就能增加情节上的偶然性。例如，寻找尼莫唯一的线索"蛙镜"掉入深海沟，深海沟中能有什么，接下来又会发生什么事情？如果这个场景并不能扩展出新的情节，那么就没有必要选择这样的场景。

图2-44　白雪公主与七个小矮人　　图2-45　《海底总动员》中的海蜇群场景

图2-46　《千与千寻》中的大浴池场景　　图2-47　《狮子王》中的动物奔跑场景

（4）叙事结构

动漫剧本的叙事结构是指如何安排情节的开端、发展、高潮和结局。其中的每个情节都需要精心设计，因为这是直接影响动漫作品叙事节奏的问题。故事要好看，结构要完美。过于平淡的开端必然不能立刻吸引观众的注意力，发展段落缓慢也将影响情节走向高潮，结局如何解决，直接影响作品最终的质量。主线简洁单纯，矛盾的设置强而有力，情感的渲染深入人心。这些共同成为成功动画影片必备的要素。以迪士尼为中心的动画剧本戏剧结构主要表现为："首先，影片树立两种对抗的势力，它们相互冲突，产生了危机，经过追逐、纠缠，接下来是一个更大的危机及最后一秒钟的高潮，来个迅速解决。"

①设置矛盾

矛盾是故事戏剧性的前提，是人物动作展开的情景与原因。商业动画电影故事线追求简单、明晰，矛盾设置较为直接。例如，日本动画片《灌篮高手》（图2-48）中的樱木花道跟流川枫，樱木想要追求的赤木晴子却喜欢流川枫，于是剧情的矛盾冲突转变到这两个人身上，使观众有了看点，动画片变得好看起来。《贪婪的鬼子》中鬼子想要小男孩烤的鱼，小男孩：（擦一把鼻涕）太君，你们不是喜欢吃生鱼吗，我这都熟了。捶腿兵：（生气的）少他妈废话，畜生才吃生的。快点喂我们，不然我们把你小狗烤熟吃了。将剧情中的矛盾推向高潮。

图 2-48　《灌篮高手》

②矛盾的解决

影片矛盾解决部分，主要是主人公为达到目的克服逐个障碍的段落。《贪婪的鬼子》中小男孩与鬼子斗智斗勇，最后与赶来的小伙伴一起惩治了三个鬼子。

矛盾的最终解决在设置障碍与消除障碍的叙事过程中，影片走向了结局，而"结局并不意味着结尾，结局意味着解决"，通过一系列矛盾的最终解决，主人公实现了最终目的。完美的大团圆结局是商业动画电影不变的旋律，白雪公主与王子的结合；皮诺曹与父亲团聚；101只斑点狗被解救；埃斯米拉达与费比斯有情人终成眷属，加西莫多受到众人喜爱；摩西带领西伯莱人穿越红海，到达自由王国等。观众跟随电影情节跌宕起伏，最终带着赏善罚恶的满足感离开影院时，商业动画电影的情节模式也同时得到了票房的完美验证。

2.2.6　动漫剧本创作案例

《贪婪的鬼子》剧本

场景 1

开场

远景，风景秀丽的小村庄，村边有河，远处山峰隐现。村头突兀地矗立一碉堡，上悬醒目的膏药旗，使整幅画面的美感荡然无存。

镜头缓缓拉近，焦距定在碉堡，现出碉堡全景。

场景2

画面切换

碉堡顶端，一形象极度丑化的哨兵鬼子正端着望远镜东瞅西望，晃来晃去。透过望远镜的镜片，看到一双无精打采的眼睛。突然，哨兵鬼子的眼睛瞪破了眼眶，有重大发现！接着，鬼子的眼睛眯了起来，透出贪婪的神色。（悬疑，鬼子发现了什么？）此处，鬼子的动作表情主要通过眼睛来表达，同时嘴脸进行辅助。

场景3

画面切换

远处，树林边，一条正在烤的鱼出现在望远镜里。（鱼的全景，充满画面）

鱼被串在树枝上，随着树枝的晃动而起伏在火焰上，发出一阵诱人的香气。

场景4

镜头随着串鱼的树枝向另一头迅速的移动，表现出鬼子急切的心情。镜头中出现了一个大脑袋、大眼睛、小身子穿着破衣服的小男孩，他正用树枝挑着鱼，专心致志地烤鱼。

场景5

镜头后拉，由小男孩头部的特写逐渐变为全景，将小男孩、鱼及狗一起展现出来。小男孩衣服上打了很多补丁，没有穿鞋，表明出生活的艰难。有两条鱼，一条在烤，一条串好了放在脚边。小狗面对鱼，背对镜头，不时摇动尾巴。

场景6

画面切换

哨兵鬼子头部特写，嘴角流涎。

场景7

画面切换

碉堡一角，全景。

哨兵鬼子正端着望远镜一动不动。

不远处，捶腿兵正闭着眼给鬼子小队长捶腿。

鬼子小队长官躺在椅子上，嘴里叼着烟，很悠闲。

场景8

画面切换到正在捶腿的鬼子，全景。

突然，捶腿兵睁开了一只眼。紧接着，两只眼都睁开了，表情非常丰富，似乎发现了什么不可思议的事情。

场景 9

画面切换

哨兵鬼子的背影，全景。

哨兵鬼子端着望远镜，一动不动，脚前一摊水泡，不时有不明液体滴下。

场景 10

画面切换

碉堡上，近景。

捶腿兵蛮横地夺过哨兵的望远镜，到处观望，突然他发现了什么，很惊讶的样子，嘴巴变成了"O"形，接着瞪大了眼睛，口水直流。旁边的哨兵握起了拳头，气得浑身发抖。

场景 11

镜头随着飘动的香气从上向下推进，一条穿在树枝上的鱼出现在火堆上，镜头向外拉，全景：出现了一个大脑袋、大眼睛、小身子穿着破衣服的小男孩，他正用树枝挑着鱼，专心致志地烤鱼，并不时地用手挠着小屁股，旁边的小狗，蹬着一条后腿，晃动着身子，着急地盯着火堆。

场景 12

镜头后拉，逐渐变为全景，将小男孩、鱼及狗一起展现出来。小男孩正用树枝挑着鱼，专心致志地烤鱼，并不时地用手挠着小屁股。小狗面对鱼，背对镜头，不时摇动尾巴。

场景 13

躺在躺椅上的小队长，带着小眼镜，双手压在脑后，闭着眼，抽着烟，突然他睁开眼镜，向其他两个鬼子看去。

场景 14

两个鬼子的背影全景，其中一个站立在那里，另一个则拿着望远镜一直在向前看着什么，不停地流着口水。

场景 15

捶腿兵脸部特写，他正瞪着大眼，流着口水，一动不动地看着远处。突然一只手伸过来，夺过望远镜，捶腿兵惊讶地向手的方向看去。

场景 16

镜头右移，出现鬼子小队长的脸部特写，他拿着望远镜高兴地左右观望，突然目瞪口呆，口水直流，眼球出现烤鱼的成像。

场景 17

小男孩烤鱼的近景出现，火堆上的鱼不停地翻动，向上冒着香气。

场景 18

鬼子小队长脸部特写，超大的望远镜里，两只细长贪婪的眼睛不停地转动，逐渐张大嘴巴，不停地流着口水。

场景 19

三个鬼子侧面近景，鬼子小队长放下望远镜，转过身，愤怒地说："扫嘎！"随后，他左手指向小男孩的方向说："开路！"

【实训内容】公益广告动画片文学剧本创作
【课时要求】8 课时
【阶段成果】文学剧本打印成册

阶段三

动画前期设计

▶▶ 流程一　美术设计

【内容概述】美术设计简介，能力要求，工作内容
【知识目标】掌握美术简介工作内容，能力要求，熟悉美术简介的具体任务
【能力目标】具备审核人物角色造型设计、背景设计、颜色指定能力；很
　　　　　　好地掌控原动画的动作和节奏能力；根据确定的脚本设计分
　　　　　　镜头的能力
【素质目标】具备图像创意能力和动画脚本的编写能力

　　动画的准备工作之中，有一个颇为重要的前期工作，那就是美术设计。它是将剧本中文字描写的抽象形象（存在于人们的想象思维中）转化为具体可视的视觉形象，可以说是基于脚本文字内容的二度创作。主要工作有设定视觉语言的风格、人物造型和背景环境，甚至具体到每个道具的细节。如果说从构思文学剧本、编写脚本到绘制分镜头台本是属于"幕后"的工作，那么绘制动漫的工作就是创建对观看者直接起作用的"载体"的工作，而美术设计可以说是构筑这个"载体"的基石。因此，从某种程度上可以说美术设计的成功与否直接关系到整部动漫作品的成败。

3.1.1　动画美术设计的概念

　　首先，我们必须明确，"美术设计"既是一个称谓，又是相对诸如导演、原画、背景、动画、作监、动检等职位而言的一个具体的职位，同时，它在整部动画片制作环节中又是一项非常具体的任务和工作。

3.1.2　动画片的美术设计

　　如同一部故事片的主创人员有编剧、导演、摄影、美术、录音等人员一样，动画片也有特定的与之相应的主创。其中，美术设计就相当于一般实拍故事片的美术

和摄影指导这两个职位的总和，因而，其所承担的责任及在整部动画片中所起的作用都非常大，仅次于导演。

3.1.3　设计人员所应具备的能力

（1）相应的绘画和动画知识

担当美术设计的人员要具有相应的绘画和动画的相关知识及很强的手头表现能力，并能够运用上述能力，协助导演，完善导演的意图，将分镜头台本具体化、精确化，并调整台本的不足和疏漏。

（2）一定的摄影与表演知识

作为美术设计，还需具有一定的摄影与表演知识。即在绘制背景设计稿时，注重摄影机位和镜头景深的意识，为绘制背景的人员提供绘制的依据；在起草动作提示（pose）时，完善角色的动作设计和表情，给原画的具体动作设计以准确的提示作用。

（3）多样的外围知识、丰富的想象力、敏锐的观察力、高超的表现力

动画片是具有高度假定性的艺术形式，可表现的内容包罗万象，涉及的领域极其广泛，所以外围知识、想象力和观察力等都是从事美术设计所应具备的素质。另外，仅有头脑还不行，出色的手头表现能力是做好这份工作的有力保证。

3.1.4　动画美术设计的具体任务

从大的方面来讲，如果是剧场动画片或动画系列片，美术设计就应分为总美术设计（也称为美术导演）和分集美术设计两部分。一般由两个或两个以上的人员担当。

（1）总美术设计的任务

总美术设计的任务包括：主场景设计图的设计与绘制，即主场景色彩气氛图、人物造型及一切在片中活动物体的设计和各个人物之间的总比例图，以及人物与各个场景的比例关系图的绘制，并协助导演根据剧本的要求，对整部动画系列片或整部剧场片确立整体的艺术表现风格，即美术设计风格。在一部动画片中有着重要作用的主场景设计图和最后的色彩完成稿通常是总美术设计首先需要设计和绘制的。主场景的风格和思路直接决定一部动画剧场片或系列电视动画片的总体美术设计风格。《贪婪的鬼子》片中主场景有三个，一个是优美的山村（图3-1），另一个是林间河边（图3-2），最后一个是哨楼（图3-3）。

图 3-1　《贪婪的鬼子》中的山村场景

图 3-2　《贪婪的鬼子》中的林间河边场景

图 3-3　《贪婪的鬼子》中的哨楼场景

（2）分集美术设计的任务

分集美术设计的任务包括：将导演画好的分镜头台本进行同比例放大，根据每一个镜头的景别，确定使用何种大小的画框较符合制作的要求；完善分镜头台本中不具体的细节，将设计稿具体化、精确化，以达到提示原动画和摄影或扫描、合成等工种的施工稿的水平。这种将导演的分镜头台本同比例放大及完善的画稿称为放大稿。放大稿又分为背景设计稿和前景动作路线图。

背景设计稿是提示背景绘制人员的具体画稿，并且起到提示原画人物与场景的位置和透视关系的作用。大多数情况下是根据片子和导演的具体要求，用铅笔绘制成的素描稿或单线白描稿。一般要注明光线的方向是日景还是夜景、各场景道具的具体形状、样式等。原画在绘制时不仅要依据前景动作路线图的提示展开动作的设计，还要参考背景稿的位置和要求来安排人物的活动范围和运动透视等。

3.1.5　美术设计的前期准备

一部动画片美术设计的优劣很大程度取决于美术设计人员与导演是否配合，以及是否做好了充分的前期准备工作。

美术设计人员应仔细阅读剧本和分镜头台本，弄清楚剧作和导演的意图与要求。在进行正式的工作前，首先要做好与导演的沟通工作，了解导演对影片的整体构思，与导演探讨、分析剧本和故事情节及场景设定、人物造型等情况。只有明确了剧本和导演的意图与要求，才能做好后面的具体设计工作。

《贪婪的鬼子》的初衷是给观者带去娱乐的同时，提醒大家勿忘国耻。该动画片中的优美林间风景、小男孩的衣着打扮都反映了中国人民原始质朴的美，日本兵和小队长的服装及神态、典型的日本胡子表现出了日本军队贪婪、霸道无理的本性。在制作这部动画片时，当导演和美术导演确定了影片的整体风格后，作为美术设计就要依据影片的要求，开始收集相关的场景、道具、人物服饰、动物和植物等多方面的资料。这些资料来源广泛，形式多样，是能够出色地完成设计的有力保证。例如，剧中小男孩的形象参照了小萝卜头和抗战年代有关书籍和电视电影中出现的那些智勇双全的儿童形象，鬼子兵的形象则是参照大量图片资料及电视剧中鬼子的形象进行夸张设计而成。

3.1.6　确定作品风格

在导演领导下，由美术设计具体创造出动画片的造型艺术风格。一个作品从创作的总体构思，到作品形成后将产生的效果，都是动画艺术家必须能把握住的。

（1）总体构思

总体构思亦称角色创作的总谱，即动画艺术家创造角色所作的总的艺术设想，包括角色的造型、气质及精神面貌，性格基调与色彩，角色的性格历史及其发展变化、时代及经历所赋予角色的特殊印迹，角色的最高任务与贯穿动作，角色的远景，角色在整部动画片中的地位、作用，角色之间的关系，创作中节奏的安排，力度的配置，依据编导的意图对表演风格的设想等。

（2）动画角色设定

动画艺术家根据动画片剧本提供的角色描写，绘制出银幕上直观的、生动的角色形象。有时需要将自己化为角色，体现角色形象的性格化，塑造出真实、典型的角色形象。每一个角色的造型要画几种角度的姿态和不同的表情及全部角色的比例图和彩色稿。每一场景都要画出一张标准的气氛图。

动画片从剧本的情境、角色、事件到环境，一切都是假想的，但要把它当作一个真实的事物来对待，要对角色和剧中虚构的事件产生真实的意念，在假定的条件下达到真实、有机、自然。

　　动画艺术家要理解角色，表现角色。理解角色的直接依据是剧本，在深入分析和研究剧本的基础上，把握角色的基调及性格的多侧面，探寻角色的潜在动机，感受角色最细微的情绪变化，掌握规定情境和角色的关系，了解隐藏在台词间、字面下的思想内涵，从而把握住一个具有个性的角色的内心世界。表现角色需要具备良好的绘画技术和高超的动画设计能力。

　　造型设计就是将故事中的角色按照一定规范与要求画出来，并进行形式方面的归纳与组织。如果故事中有若干角色，除了将每个角色设计成多种视图之外，还要画出他们之间的高矮比例、各种角度的特征说明、脸部的表情及他们使用的道具等。

　　美术设计就是影像视觉风格设计，角色服饰、道具造型、影像色调、明暗对比和场景气氛等全部的视觉元素构成一部片子的美术风格。

　　美术设定需要考证故事的时代背景与地域环境，才能设计出相应的风格特点。服饰的造型与色彩要和人物个性吻合，还需要与环境光源及四季变化协调，要将人物造型与服饰放在背景环境里配色（背景加活动形象），然后进行色彩指定和编号。

　　（3）性格化角色的塑造

　　动画艺术家塑造角色形象应体现角色的性格特征，突出其独具的个性色彩。

　　动画艺术家进行角色的性格化创作，是在深入理解剧本的基础上，把握住角色的性格基调，注意到性格的复杂、多面色彩，从而找到角色特有的眼神、姿态、步伐、语气和语调，设计出一个具体而生动的角色。性格化首要的是掌握角色的内在性格气质，同时要善于抓住最能体现角色个性特征的外部典型动作予以突出。例如，《贪婪的鬼子》中的小队长，眼神的动作表现出他懒惰（图3-4），生气时鼻子的颤动表现出其蛮横，臃肿矮小的身子更是突出了当时日本军官对中国百姓的强强豪夺及他们的贪婪享受的生活（图3-5）。

图3-4　《贪婪的鬼子》中的小队长　　　　图3-5　小队长生气的样子

（4）作品风格的确定

一般动画艺术家的设计具有自己独特的韵味和格调，或粗犷或细腻，或质朴或洒脱，或含蓄或泼辣，或幽默等。动画艺术家个人设计风格的形成与时代的艺术潮流、动画艺术家的艺术实践历史、个人经历、修养、创作经验及创作个性等多方面因素有关。

每部动画片中有许多角色，如果动画艺术家们都追求个人的独特设计风格，势必造成整部动画片风格的不统一、不协调，因而动画艺术家在追求本人的设计风格的同时，要尽量服从整部动画片的统一风格。

（5）感染力

感染力是动画艺术家激起观众情感和思维，使之产生共鸣的艺术力量。动画设计中体现出的情感力量和思想力量构成了打动观众的感染力，激起观众的爱憎、悲喜，使之震撼，或引起沉思，与此同时获得艺术的、美的享受。

（6）表现的时代感

每部动画片中的角色都生活在某一特定的历史时期，每一特定历史时期的社会习俗、生活方式及人的心理特征和仪态等都具有特定的时代特点，并影响和构成了人物的独特精神面貌。动画艺术家把角色这种独特的精神风貌鲜明、生动、准确地表现出来，会给观众留下强烈的时代感，有助于和观众进行交流和沟通。

> 【实训内容】1. 完成《贪婪的鬼子》美术设计
> 　　　　　　2. 完成公益广告动画片美术设计
> 【课时要求】8 课时
> 【阶段成果】绘制好《贪婪的鬼子》动画片主场景和主要角色设计

▶▶ 流程二　角色造型设定

> 【内容概述】角色的概念、造型设计作用、造型设计风格、方法、步骤
> 【知识目标】了解动漫角色的概念及作用，掌握动漫造型方法和步骤
> 【能力目标】掌握动画人物写实技能和夸张手法，掌握人物肢体和动作的
> 　　　　　　设计能力
> 【素质目标】具备敏感的观察能力和审美能力，丰富的想象力

动画角色的造型设计在动画片创作中是极为重要的一个部分，是一部动画片制

作的基础，它直接影响到动画片的成败。好的动画角色造型能给一部动画片带来不可估量的影响，使动画片的生命力更强，更感人，在动画片中的角色造型如同故事片当中的演员一样重要。

3.2.1　概念

动画造型是用形象的语言，将抽象的象征意义转化为具象并告诉人的视觉的艺术形式。动画造型是众多造型方式中的一种，是指综合运用变形、夸张和拟人等艺术手法将动画角色设计为可视形象。

一部优秀的影片之所以成功，不外乎优秀的编剧、出色的人物造型设计和完美的叙事结构。这其中人物造型是关键。角色造型设计就相当于故事片导演在选演员，不同的角色造型会形成不同的动画艺术风格。而角色造型设计只有遵循动画的创作规律，充分发挥想象力，才能创造出符合影片风格，并更具个性和可发挥性的形象。如《功夫熊猫》中的熊猫设计（图3-6），《花木兰》中的木兰设计（图3-7）。

图 3-6　《功夫熊猫》中的熊猫造型　　　图 3-7　《花木兰》中的木兰造型

3.2.2　与其他课程的关联

素描色彩是绘画艺术创作的基础，动漫造型艺术就是艺术基础上的生命和灵魂。素描、色彩是训练驾驭画笔的能力、辨别形象的能力、复制造型的能力，而动漫造型设计却是要求在理解现实造型的外在结构、内在气质的基础上，创造新的造型。

3.2.3 造型设计的作用

（1）确定风格

不同题材、不同国家的动画片都有其特有的风格，人物风格的确定是动画造型人员的首要任务。

（2）塑造角色形象

剧本中的人物造型只是单纯的文字描述，将文字转化为具体的画面是造型设定人员的主要任务。设计具体人物造型时要符合人物的性格和时代特征，融入设计者对人物的理解。

（3）为后期制作人员提供参考

二维动画要画出人物 4 个转面图，人物常见表情、动作图等，为分镜、原画、动画人员提供参考。

3.2.4 动漫造型设计的风格

目前动漫造型设计的常见风格有：写实风格、夸张风格和符号化风格。

（1）写实风格

写实风格的动画人物完全符合现实中人体的骨骼、肌肉结构。这类动画人物造型复杂、立体感强，其观众定位为青少年和成年人。由于造型与真人类似，这类动画能很轻易被改编成真人版电影。如图 3-8 和图 3-9 所示。

（2）夸张风格

夸张风格的人物造型是基于真实人体的夸大与变形，不拘泥于真实的人体比例，从而达到一种很有趣的效果。由于人物生动有趣，老少皆宜，这种风格被大多数动画所采用。如图 3-10 和图 3-11 所示。

图 3-8 《萤火虫之墓》写实风格的人物造型　　图 3-9 《侧耳倾听》写实风格的人物造型

图 3-10　《蝙蝠侠》夸张人物造型　　图 3-11　《贪婪的鬼子》夸张人物造型

（3）符号化风格

符号化的人物仅保留人体的基本特征，弱化人体结构。用简单的几何图形拼贴成人物造型，简洁、明快，在低幼类动画里经常出现它们的身影。如图 3-12 和图 3-13 所示。

图 3-12　《猫和老鼠》造型　　　　图 3-13　《喜羊羊与灰太狼》
　　　　　　　　　　　　　　　　　　中的喜羊羊造型

3.2.5　动画造型设计方法

没有一个造型开始就能呈现出最终的样子，一个设计完美的角色在设计角色造型的整个过程中有数不清的修改，这些改动有大有小，但基本上有两种方法，即结构上的改变和相貌特征上的改变。

（1）结构上的改变

结构上的修改主要涉及头盖骨的大小，或是整体形状一类的问题。如拉长下巴、加宽腭边及收拢头上的头发等都属于结构上的改变。

（2）相貌特征上的改变

相貌特征的修改实际上就是反复试验不断摸索。如果某种形状的鼻子不合适，可以试试另一种。眼睛的大小、嘴唇的形状都可以改变。只要在结构上相貌特征上稍微改变一下，结果会发现在原来的基础上能演变出很多不同的新形象。

通常，我们是用不同比例的圆形（球体）来概括头部的形体结构。圆形（球体）有很强的概括性和体积感，很容易表现出头部的方向、角度及透视关系。我们要研究、尊重头部基本骨骼结构，对基本结构的概括和理解是多样的，新的形体关系就是新的角色成立的基础，如图 3-14 所示。

图 3-14　动画形象设计过程

3.2.6　造型设计作画步骤

（1）设定角色的比例结构

先设定角色的高度为 3～4 个头，接下来用圆形、几何形勾画角色的动态、比例、结构（图 3-15）。在设定好角色之后，就可以着手塑造人物形象了。人物造型不仅需要设计人物的正面、正侧面、3／4 侧面和背面等各个角度的形象（图 3-16），还要完成表情、动态、服饰等细节的前期设计工作。

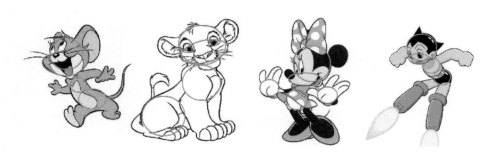

图 3-15　角色设计

图 3-16　《贪婪的鬼子》中哨兵的造型设计

（2）刻画角色的五官特征及服饰

人们内心世界的"喜怒哀乐"等思想感情都是通过面部表情（图 3-17）或行动姿态表现出来的。面部的五官不仅使人物更为饱满，更增加了动漫作品的可视性及娱乐性。其中，眉、眼、嘴等部位最易"泄露"人的情感，这也是设定人物表情的重点。

图 3-17　面部设计

服装对表现人物的"背景"具有很强的暗示作用，设计人物的着装要符合其年龄、性格和爱好等（图 3-18）。

图 3-18　服饰设计

（3）完成整个人物细节

　　人物的性格和气质会通过人体动作（或肢体语言）展现出来，而人在运动时表现出来的力量、动势、节奏和韵律等都具有强烈的感染力。每个人因品性、脾气不同，表现在外在的动态上，必然具有差异性，如活泼与沉稳、柔弱与刚强、年轻与耄耋之分等。通过动态设计来满足剧情的需要，不仅从另一个侧面丰富了人物，又符合剧本特定的时代特征，并与剧情的整体发展相协调，如图 3-19 所示。

图 3-19　《蜘蛛侠》动作造型设计

3.2.7　经典动画角色形象分析

（1）美国经典动画形象

■ 米老鼠
■ 诞生于1928年，迄今为止已有87岁。

图 3-20　《米老鼠和唐老鸭》造型

■ 汤姆（Tom）
■ 颜色：灰白。
■ 眼里总是闪着机会主义的光芒，弓着腰在一旁等待机会出击。

■ 杰瑞 \ 杰利（Jerry）
■ 颜色：棕色。
■ 总是用挑逗的眼神看着你，并且常常在不经意期间玩弄这只猫。

图 3-21　《猫和老鼠》造型

图 3-22 《人猿泰山》造型

■ 男主角：泰山

■ 善良、刚毅、略有野性。

■ 女主角：珍妮

■ 大家闺秀、优雅。

（2）日本经典动画形象

■ 宫崎骏动画电影形象

■ 特点：蛋形面部轮廓，大眼睛，鼻子是不同度数的夹角，嘴巴是不同弯曲度
的线条变化。

■ 角色比例写实，身材比例标准，色彩鲜明单纯。

图 3-23 《龙猫》造型

图 3-24 《千与千寻》造型

■ 机器猫

■ 造型抽象简约，不失真实与可爱。

图 3-25　《哆啦 A 梦》造型

（3）中国经典动画形象

■ 孙悟空

■ 神采奕奕、勇猛矫健，具有中国脸谱文化形象。

图 3-26　《大闹天宫》造型

　　《天书奇谭》中的三个狐狸精：黑狐狸被设计成了一位年过半百的老婆婆。有些佝偻的身体上裹着一个恐怖的脑袋，嘴突，呈"八"字的一双大黑眼圈嵌在脸上，眼圈里有着一双诡计多端的小眼睛，一袭黑衣，满头银发的她显然是三狐中的头儿。粉狐精被设计成一位妖媚无比的年轻女子，盘着讲究的发髻，凤眼、樱嘴、瓜子脸。脸蛋上各有一个大大的红晕，俨然是京剧中的花旦，见她翘起兰花指、扭着杨柳细腰、忸怩作态、造作无比，却也有着独特的媚感力。蓝狐精被设计成一个年轻的白面书生，虽身着书生衣裳，却有着简单的头脑。因贪吃而断掉的那条腿使他的性格更加丰满，方方的脸上长着一双圆圆的眼睛，那张贪吃的嘴憨憨地笑着，白脸中间有一圈很大的红晕，是个京剧小生一样的人物。三个狐精无疑成为动画史上最惹人喜爱的妖怪之一，如图 3-27 所示。

图 3-27　《天书奇谭》中三个狐狸精的造型

3.2.8　造型实例

《贪婪的鬼子》动画中主要人物造型设计如下：

小男孩：小男孩的造型大大的脑袋及头上圆形短发，配上大眼睛、大嘴巴、圆圆的鼻子、瘦弱的身子，非常可爱。小孩的衣服短小且有补丁，可以看出当时百姓的穷苦，生活的艰辛。小孩一边拿着一个大木棍穿着的鱼，一边挠屁股，也反映了百姓在日本人的压迫下没有食物，只能在恶劣环境下寻找食物的艰辛（图 3-28）。

小狗：小狗的造型是圆圆的脑袋，瘦小的身子，很可爱，与小孩的形象相协调（图 3-29）。

图 3-28　《贪婪的鬼子》中的小男孩造型　　图 3-29　《贪婪的鬼子》中的小狗造型

小队长：小队长的造型是"由"字脸型，大脸，大嘴，小眼睛，红肿的鼻子，典型的日本胡子，肥胖的身子，臃肿的体态，使观众一眼就可以感受到这是一个贪婪的日本军官形象，小眼睛及夸张的眼镜更是起到了点睛之笔，使日本军官的丑态发挥到了极致（图3-30）。

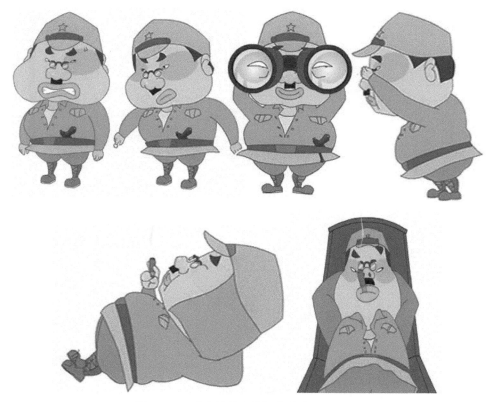

图3-30　《贪婪的鬼子》中的小队长造型

捶腿兵：捶腿兵的造型是尖下巴，长长的嘴巴，细长的眼睛，三角形的鼻子，黑青的下巴，八字胡子，灰色头盔，使观众即刻感受到尖嘴猴腮的形态（图3-31）。

哨兵：哨兵的造型是长长的内凹脸，相扣的八字眉，淡紫色眼圈，三角眼，尖鼻子，日本胡子，两颗夸张的大门牙，使整个鬼子的形象既丑陋又搞笑（图3-32）。

图 3-31　《贪婪的鬼子》中的捶腿兵造型

图 3-32　《贪婪的鬼子》中的哨兵造型

【实训内容】完成《贪婪的鬼子》各个角色造型设计
【课时要求】12课时
【阶段成果】输出角色造型设计图纸

▶ 流程三　场景设计

【内容概述】动画场景要素分类、设计内容、设计原则和流程
【知识目标】了解场景的概念及分类，掌握动画场景的设计原则和设计
　　　　　　流程
【能力目标】具备动画场景的设计能力和绘画能力
【素质目标】具备一定的美术功底和摄影基础能力

　　动画场景设计是动画制作中的重要环节。由于动画是一门画出来的视听造型艺术，所以需要创作者同时运用造型手段和绘画制作手段对影片进行场景造型设计。场景设计属于艺术创作范畴，所以创作者创作的动画场景既要有高度的创造性，又要具备很强的艺术性。可以说，动画场景的设计一方面是艺术创作，另一方面是绘画技术的表现，如图3-33和图3-34所示。

图3-33　《千与千寻》场景

图 3-34 《侧耳倾听》场景

3.3.1 动画场景要素与分类

（1）动画场景的组成要素

①物质要素：景观、建筑、道具、人物和装饰等。

②效果要素：外形、颜色和光影等。

③文字符号：如麦当劳的 M 标志。

（2）动画场景的分类

动画场景一般分为内景、外景和内外结合景 3 种。

①内景：在场景结构形体中，被封闭在形体内部的空间。如房间内、山洞内和隧道内等。内景较小、较封闭。

②外景：在场景结构形体中，被隔离在形体外部的一切宇宙空间。外景较大、较开阔。

③内外结合景：内景和外景综合运用。

3.3.2 动画场景设计的内容

场景设计要完成的常规设计图包括场景效果图（或称气氛图）、场景平面图、场景立面图、场景细部图和场景结构鸟瞰图，需要的话可制作场景模型。

（1）室外背景设计

一般把背景分为两类，一类是天然形成的宇宙万物，如天空、海洋、土地、山川、树木和花草等自然景观（图 3-35）；另一类是人造世界，包括楼宇、桥梁、公路和隧道等人造景观（图 3-36）。二者都受到春夏秋冬季节变化带来的影响（图 3-37），甚至一天中的白昼、黑夜的交替也会令其光影、冷暖产生丰富的变化。作为室外背景，其范围可能是很广的，包括自然环境、人为建筑等，大到楼宇工事、峻峰险谷，小到一隅一角、一草一木，这些在远景、全景、近景中都可能用到。不仅向观看者展现了整个故事发生所在的一个比较大的环境面貌，还体现了作品的时代特征。

图 3-35 《人猿泰山》场景

图 3-36 《侧耳倾听》场景

图 3-37 《千与千寻》中随着气候变化的场景

（2）室内背景设计

室内背景设计与室外背景设计相比，虽然是一个小范围的环境设计，但是由于它与生活中的人物的活动密切相关，因此，这种带有目的指向性的表现更为细致。居住环境或干净整洁或一片狼藉，或富丽堂皇或绳床瓦灶，更倾向于从一个侧面反映人物的精神面貌，不仅能体现出人物的情趣爱好、性格习惯等细节，而且反映了其家庭背景及经济情况，还能够暗示故事发生的场所及当时的氛围。在这一设计中，我们要注意作为整个故事大环境的一部分，室内环境的设计应该与室外背景的风格一致（图 3-38 和图 3-39）。

图 3-38 《超人特攻队》场景

图 3-39 《千与千寻》场景

（3）道具设计

①场景中陈设道具的基本概念

场景中的陈设就是指场景中陈列摆设的物件，如桌椅、窗帘和壁挂等。道具是指演员表演用的物件，如烟斗、钢笔、皮包等（图 3-40 和图 3-41）。

图 3-40　《千与千寻》中的道具设计　　　　　　图 3-41　《花木兰》中的道具设计

②陈设道具在影片中的作用

陈设道具除了叙事需要和辅助表演之外，还有许多特殊的作用，那就是刻画人物角色的身份、心理、性格和情绪等。交代人物的身份是场景陈设道具的基本功能，通过场景我们可以了解人物的基本情况。道具是指演剧或摄制影视作品时表演用的器物，如桌椅等叫大道具，纸烟、茶杯等叫小道具。而这里的道具是指动漫作品中人物经常使用的器物，如长矛、手枪、手机和摩托车等（图 3-42 和图 3-43）。

图 3-42　《超人特攻队》中的汽车　　　　　　图 3-43　《千与千寻》中的水壶

3.3.3　动画场景设计的原则

在动漫作品的绘制中，对于主要表现物（人物），我们通常称之为"图"，而对主要人物形象以外的周围空间则称为"地"。"地"也就是背景（环境）了，我们不能因为背景是对主体形象的衬托，就忽视它。相反，这个"次要部分"对于动漫家来说是必须予以高度重视的。因为背景对于"图"来讲，具有其独特的意义，它为了凸显"图"的存在，是必要组成部分，是不可或缺的。背景提供了更多的画面信息，它不只是表面的"明显内容"，还是"一种潜在内容"，不仅起到了补充作用，使"图"更具体，而且更深刻地揭示了人物的性格，启发观看者看到比明显看到的还要多的内容，同时还具有暗示情节发展、渲染画面效果和烘托气氛的作用（图3-44 和图 3-45）。

图 3-44 《花木兰》主场景

图 3-45 《千与千寻》主场景

（1）场景设计中重要环节的划分

在开始进行设计场景时，首先应该对剧本提供的线索信息及未来的银幕形象等重要的环节进行划分。例如，主要角色及其不同生活区域的分类、地理位置、自然景观分类和光线色彩分类（白天、夜晚）及道具的配置分类等。

（2）分区设计展示角色特征

每一个角色都拥有自己的生活环境和生活空间，在生活中不难发现他（她）们，都有一个表现自我和展示自我的生活空间，这为我们分区设计提供了线索。分区设计的特点是通过场景巧妙的分区，陈设布局所营造的气氛，充分展示角色的特征，真实表现角色的思想情感、生命历程及命运的变化。通过使用不同的道具组合能够显示角色特征、环境气氛及文化特征，充分表现角色内心世界，使角色更具魅力。

（3）对比设计产生艺术效果

对比设计的特点是把角色的不同思想、情感、言行的两种或两种以上的场景并置或连接在一起，通过形、光、色等因素，使之产生对比强烈的艺术效果。在表现形态上，有封闭与开放的大空间结构对比、场景空间的色彩对比、场景的光影对比等。

3.3.4　动画场景设计流程

（1）准备阶段

在这一阶段首先要仔细阅读剧本，分析场景与角色之间的关系，分析道具与角色戏剧动作之间的关系，列出场景的设计清单草稿。在阅读剧本的过程中要尽可能多地从剧本中找出有关角色的细节信息，从而丰富自己对该角色的全面认识，如角色的性别、年龄、性格、职业，以及角色平常是怎样消磨时间的，生活在一个什么样的环境中等。研究一些相关的文字资料、背景资料和影视资料，同一时代的文章、新闻报道等，形成对于整个历史时期和社会风貌的综合印象。研究剧情发展所需要的动画场景空间，形成基本的设计构思，制作阅读笔记，捕捉角色的感觉及其情境。

（2）搜集素材

搜集素材主要是查阅相关的图书资料、绘画资料和影视资料，搜集有关历史考古、规划建筑、家具器物、地理地貌、风土人情、生活习俗、树木花草和气候特征等方面的视觉资料，这些资料能够启示设计构思和灵感。

如《花木兰》动画中出现的长城和古建筑为了达到逼真的效果（图3-46），迪士尼专门成立了一个艺术小组到中国采风3周，他们的行程包括美术馆、博物馆、名胜古迹、历史建筑、八达岭长城和嘉峪关。为了制作动画片《狮子王》，迪士尼专门组织主创人员到非洲大草原写生采风（图3-47）。写生不仅仅是对景物的描绘，还是敏锐观察生活、深入认识生活、艺术表现生活的过程。

图 3-46 《花木兰》中的建筑场景

图 3-47 《狮子王》中的场景

（3）构思阶段

与导演、制片和角色设计师等进行设计前的讨论，确定动画构思，进行场景细分，确定场景制作的任务量、工艺设备要求和时间上的要求，确定形式上的风格特征，确保动画场景设计风格与角色设计风格相互匹配。

在充分讨论之后就要进行设计构思。场景设计师不仅要有能将文字转化为三维空间表现形式的良好视觉思维能力、表现能力，还要协调好自己的创造力和制作要求的关系，协调好设计质量和制作周期的关系，协调好表现形式与制作手段的关系。

在设计过程中一定要注意，动画角色始终是画面的主体，景物是次要的，景物在造型、色彩和光影处理上都只能起从属和衬托的作用。

（4）定稿阶段

在定稿阶段要对构思阶段的方案进行评价、选择、综合后，依据分镜头稿和修改后的场景设计清单进行设计。动画场景设计师要具有基里连科所说的"把一切东西溶化于一个不可分离的有机整体"的能力。在设计过程中要依据一定的动画场景设计规范创建完整的设计图纸。

（5）制作阶段

依据不同的场景类型和工艺要求，或手工绘制，或利用图形图像软件绘制，或用三维动画软件制作，或亲手搭建和塑造动画的场景。恰当的表现手段可以将无形的、甚至抽象的、概念的思维活动转化为视觉形象。

3.3.5　动画场景设计实例

《贪婪的鬼子》第一个场景采用的是镜头由远及近的拍摄方法，创建过程如下。

①利用绘图工具完成山村场景图片，图片宽为 2741 像素，高为 1444 像素，以名为"image1.jpg"的文件保存。可以使用 Flash 软件绘制，如图 3-48 所示。

图 3-48　绘制完的山村场景图片

②打开 Flash 软件，新建文档，参数默认。单击文件菜单→导入→导入到库，找到"image1.jpg"文件，打开。

③将库中的"image1.jpg"文件拖到舞台上，单击修改菜单→转换为元件，选择图形类型，以 shape2 命名，确定（图 3–49）。

④单击已转换成图形元件的图片，修改属性面板中的位置和大小，参数如图 3–50 所示。注意：元件必须要完全覆盖舞台，为了便于修改图形大小，可以将舞台缩放到 25% 显示。

⑤单击时间轴上的第 3 帧，右击鼠标→插入关键帧（或者按 F6 快捷键），如图 3–51 所示。

⑥单击第 3 帧，修改菜单→变形→缩放，鼠标拖动图形四周的控点，进行拖动，变形的大小控制在十多个像素（图 3–52）。

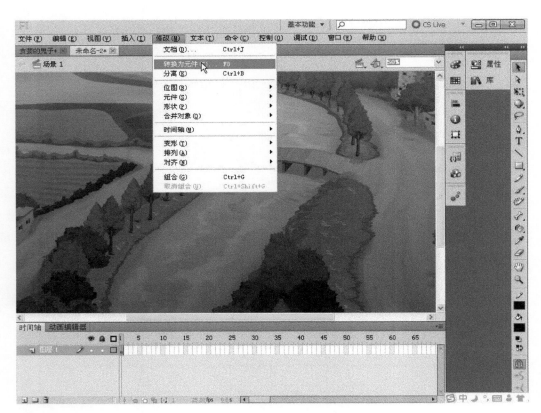

图 3–49　转换成元件图

图 3-50　元件大小参数

图 3-51　插入关键帧

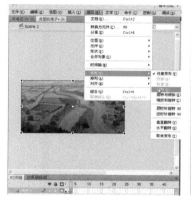

图 3-52　元件缩放

⑦右键单击第 2 帧，选择创建传统补间。

⑧单击第 5 帧，按下 F6 键，插入关键帧，在第 5 帧上，缩放图形元件 shape2，放大十几个像素，软件会自动创建第 4 帧的补间动画。

⑨按以上方法，创建第 7 帧到 100 帧的动画，效果如图 3-53 所示。

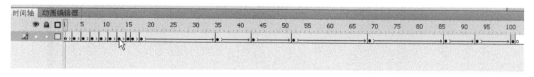

图 3-53　1-100 帧的补间动画

⑩按 Enter 键或 CTRL+Enter 组合键观看制作效果（图 3-54 和图 3-55），如果拉近镜头效果不理想，再次调整每次关键帧的缩放大小和位置。

图 3-54　第 1 帧效果图

图 3-55　第 100 帧效果图

【实训内容】完成《贪婪的鬼子》所有场景设计
【课时要求】8 课时
【阶段成果】输出场景设计图纸

▶▶ 流程四　分镜头设计

【内容概述】分镜头的概念、要求，景别的划分，镜头使用原则，分镜头台本
【知识目标】掌握分镜头设计符号、要求；掌握镜头的使用原则和分镜头台本写作原则
【能力目标】具备动画分镜头设计能力和台本写作能力
【素质目标】具备一定的空间想象力和摄影基础

动画分镜头设计也是整个二维动画制作流程中非常重要的一个环节。在导演决定整个影片的剧本、人物角色设定及场景设定后就开始了动画的分镜头设计。

在设计动画分镜头的时候通常我们利用蒙太奇的表现手法将我们的文字镜头转换成画面的方式，并且标注各种拍摄手法特效音乐等元素。以人们的视觉特点为依据划分镜头，将剧中剧情以分镜头画面的形式表现出来，简洁地体现出导演向观众所传达的信息（图 3-56）。

说明：蒙太奇就是把一部影片的各种镜头在某种顺序和延续时间的条件中组织起来。

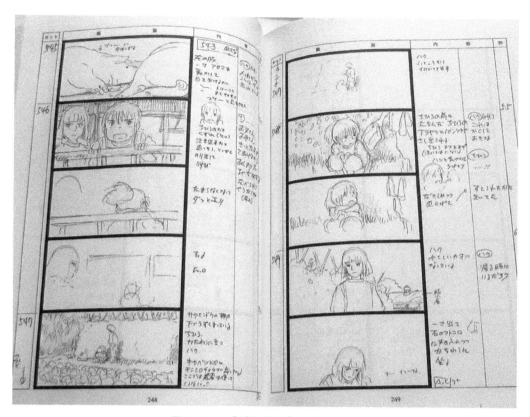

图 3-56　《千与千寻》分镜头台本

3.4.1　分镜头的意义

　　分镜头是动画片所特有的一种剧本形式，它是根据文学剧本，通过画面和文字示意来表达剧情，是动画制作过程中的作战计划，是文字剧本详细、具体的画面表述。制作一部动画影片，必须首先确定分镜头。如果不能确定分镜头，动画制作的后期工作将事倍功半。动画初学者较易出现这种问题：很多学生往往对一个人物感兴趣时，直接进行原画创作，直到影片后期剪辑时才发现有些镜头不需要，也有些镜头不符合整体叙事或剪辑的要求，从而导致这部分工作的浪费。或者最后发现，缺少叙事中必需的镜头，从而导致整部影片不能在计划时间内完成。

　　根据产业要求，导演在制作影片时，是否能找到一个既能节约成本（时间和资金），又能通过视听语言有效地叙事，传达创作思想，提高影片的可看性，分镜头设计是非常重要的。

　　例如，根据文学脚本要表现这样一段情节：一个日本兵拿着望远镜看到远处的一个小男孩正在烤鱼吃，日本兵瞪大了眼睛，张大了嘴巴，不停地流着口水。

如何设计它的分镜头呢？我们假设用两种方法来设计。

一种方法是利用全景画面的单个镜头表现：一个日本兵拿着望远镜到处看，远处的一个小男孩正在烤鱼，日本兵瞪大眼，张大嘴，不停地流口水。

这样制作起来首先需要把这个人的全身都画出来，从头到脚的肢体动作和全身的衣着服饰一处也不能少，不仅难度大、原画张数多，成本也增高了。同时，效果却并不好，他的瞪大眼、张大嘴的表情观众没有看清，小孩烤的什么鱼也没看清楚。

另一种方法是利用近景别的多个镜头手法，也许是另一个结果。

镜头一：日本兵的面部特写，拿着望远镜四处观看。

镜头二：一条穿在木棍上的大鱼冒着香气，在火堆上不停地翻动，向右移动镜头，拿着木棍的小手出现，接着向右移动镜头，全景画面，可爱的小男孩出现。

镜头三：日本兵面部特写，瞪着大眼，张着大嘴。

镜头四：全景画面，日本兵不停地流口水。

这样，虽然增加了镜头的数量，但制作难度却降低了，只画局部就可以了，同时也可以减少原动画的张数，减少了工作量，也降低了制作成本。更重要的是日本兵的表情和小男孩的表情及烤的鱼也看清了，剧情也叙述清楚了。虽然也有两个全景镜头，但这是两个静止的画面，只需画两张就可以了。

3.4.2 分镜头脚本的基本元素

分镜头脚本包括：镜头号、景别、摄法、画面内容、台词、音乐、音响效果、使用胶片的长度等。

3.4.3 景别的划分

景别是指被摄主体和画面形象在屏幕框架结构中所呈现出的大小和范围。

景别一般分为远景、全景、中景、近景、特写等不同的拍摄技法。不同的景别可以引起观众不同的心理反应，全景出气氛，特写出情绪，中景是表现人物交流特别好的景别，近景是侧重于揭示人物内心世界的景别。由远到近适于表现愈益高涨的情绪；由近到远适于表现愈益宁静、深远或低沉的情绪。

（1）远景

远景一般表现广阔空间或开阔场面的画面。如果以成年人为尺度，由于人在画面中所占面积很小，基本上呈现为一个点状体。远景一般用来表现与环境有关的剧情内容，介绍故事发生的大环境。另外远景还具有抒情的作用，较多表现为空镜头，比如蓝天、星空等。如图3-57和图3-58所示。

图 3-57　《长江七号爱地球》远景　　　　图 3-58　《借东西的小人阿莉埃蒂》远景

（2）全景

全景一般表现人物全身形象或某一具体场景全貌的画面。全景画面能够完整地表现人物的形体动作，可以通过对人物形体动作的表现来反映人物内心情感和心理状态，可以通过特定环境和特定场景表现特定人物，环境对人物有说明、解释、烘托、陪衬的作用。

全景画面还具有某种"定位"作用，即确定被摄对象在实际空间中方位的作用。例如拍摄一个小花园，加进一个所有景物均在画面中的全景镜头，可以使所有景色收于镜头之中，使它们之间的空间关系、具体方位一目了然。如图 3-59 和图 3-60所示。

图 3-59　《长江七号爱地球》全景　　　　图 3-60　《千与千寻》全景

（3）中景

中景是主体大部分出现的画面，从人物来讲，中景是表现成年人膝盖以上部分或场景局部的画面，能使观众看清人物半身的形体动作和情绪交流。中景的分切破坏了该物体完整形态和力的分布，而其内部结构线则相对清晰起来成为画面结构的主要线条。如图 3-61 和图 3-62 所示。

图 3-61　《借东西的小人阿莉埃蒂》中景　　　　图 3-62　《千年女优》中景

（4）近景

近景是表现成年人胸部以上部分或物体局部的画面，它的内容更加集中到主体，画面包含的空间范围极其有限，主体所处的环境空间几乎被排除出画面以外。

近景是表现人物面部神态和情绪、刻画人物性格的主要景别，用它可以充分表现人物或物体富有意义的局部。如图 3-63 和图 3-64 所示。

图 3-63　《三国演义》近景　　　　　　　图 3-64　《狮子王》近景

（5）特写

特写一般表现成年人肩部以上的头像或某些被摄对象细部的画面。通过特写，可以细致描写人的头部、眼睛、手部、身体上或服饰上的特殊标志、手持的特殊物件及细微的动作变化，以表现人物瞬间的表情、情绪，展现人物的生活背景和经历。如图 3-65 和图 3-66 所示。

特写画面内容单一，可起到放大形象、强化内容、突出细节等作用，会给观众带来一种预期和探索用意的意味。

图 3-65　《千与千寻》中的汤婆婆

图 3-66　《长江七号爱地球》中的小迪

3.4.4　分镜头设计的基本要求

分镜头一般要求一个镜头绘制一个画面，如图 3-67 所示，但如果在一个镜头中场面调度或机位变化很大的情况下，也可以把一个镜头分出多个画面来表现。如图 3-68 中"镜号：06-1"和"镜号：06-2"两个画面，"镜号：06-1"和"镜号：06-2"分别表示 06 号镜头的第一个画面和第二个画面。

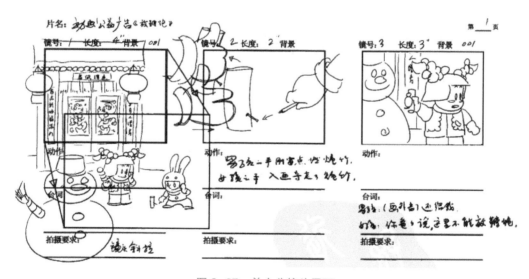

图 3-67　单个分镜头画面

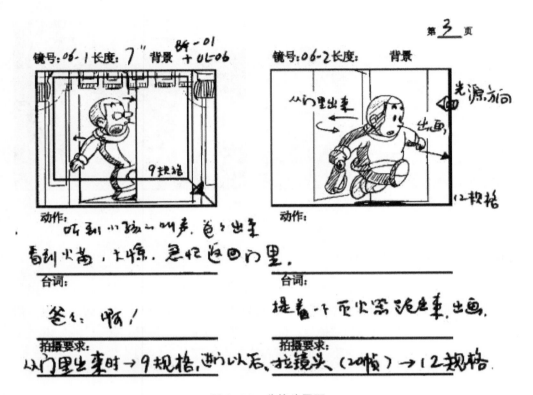

图 3-68　分镜头画面

3.4.5　镜头的使用

动画是一个世界，动画镜头的设计可以看作由虚拟的摄像机完成的镜头设计。而这个虚拟摄像机就是我们自己。动画本身除了我们使用的摄影器材以外都是我们绘制出来的，数码摄影设备只能帮助我们做一部分镜头的体现，而大部分动画中镜头的设计都得靠我们自己的双手来完成。

动画片的镜头设计包括摄影机本身的运动所造成的画面运动效果及画面变化所造成的摄影机运动效果。摄影机的本身运动从镜头角度上可以分为俯视、平视、仰视、俯仰结合等不同的手法。如图 3-69 所示。

（1）俯视镜头

这里说的俯视镜头，指的是人眼处于平常生活状态下的俯视镜头。俯视镜头常被用来表现站立的大人看着脚下正在玩耍的孩子或宠物、高大的角色看着小的角色，或者上司看着下属。

俯视镜头使视觉范围内的物质对象显得微小、卑弱，减低了视觉对象的威胁性，相对增强了主观视角这一方的威胁性。俯视镜头中的角色对象被推到与镜头背景同等地位的心理位置上，变得次要，感觉上似乎被背景所包容、吞没。如图 3-70 所示。

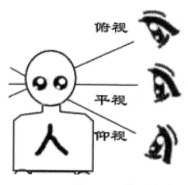

图 3-69　镜头角度

图 3-70　《千与千寻》中的俯视镜头

（2）平视镜头

与俯视镜头相比，平视镜头显得比较客观，增强了视野中角色对象的力量感。视野中的角色对象摆脱了背景的控制，处在和观众同等的心理位置上。平视镜头常常被用来表现情侣、朋友之间的会谈活动等，这样处理可以使观众产生平和的心态。如图 3-71 和图 3-72 所示。

图 3-71　《贪婪的鬼子》中的平视镜头

图 3-72　《水漫金山》中的平视镜头

（3）仰视镜头

仰视镜头是指在人的视线以上的位置，或低于被拍摄对象，使画面构图上的人物更加高大，远景的人物更加远离，造成强烈的透视感、距离感，对被摄主体物产生一种仰视敬仰之情，突出醒目、敬畏、优越感的效果。仰视镜头主要是镜头的视点在画面人物的腰部或主体的下半部以下，如同从下往上看。如图 3-73 和图 3-74 所示。

图 3-73 《千与千寻》中的仰视镜头　　　　图 3-74 《水漫金山》中的仰视镜头

（4）混合运用

镜头角度的变化和组合是动画和电影能够吸引观众和富于魅力的重要组成部分，尽管这种组合有主观的成分。动画片分镜头如何将平视、俯视和仰视等视觉角度巧妙组合和合理运用是动画片导演和分镜头剧本艺术家的重要工作之一。如图3-75和图 3-76 所示。

图 3-75 《三国演义》中的仰视镜头　　　　图 3-76 《追逐繁星的孩子》
中的仰视镜头

3.4.6　分镜案例

《贪婪的鬼子》分镜脚本案例：

场次	画　面	摄影机动态	剧情	台词	音效
1		推镜头，镜头慢慢推进，乌鸦飞过			2S
2		举起望远镜，鬼子a朝下看			4S
3		望远镜中的烤鱼画面。拉镜头，画外音：我来看看有什么好吃的。			5S
4		近景，喂，看我坐飞机来了			4S
5		中景，长官快来看呐			4S

【实训内容】完成《贪婪的鬼子》分镜头设计
【课时要求】8 课时
【阶段成果】分镜头台本

阶段四

动画制作

▶▶ 流程一　绘制背景

【内容概述】背景简介，室内、室外背景设计原则
【知识目标】掌握室内背景设计原则和室外背景设计原则
【能力目标】具有背景创作能力和背景绘制能力
【素质目标】具备空间想象能力，细致的观察能力和简单的镜头运用能力

　　动画背景是指除动画角色以外的所有事物，是一部动画作品不可或缺的关键因素。合理准确的动画背景，可以烘托动画主题，增强动画气氛的作用。在背景的设计之初有几点基本要求需要做到。

　　（1）时间、地点、空间环境要明确。

　　（2）自然对象的形体特征和材质特征要准确。

　　（3）透视关系及法则要准确。

　　（4）色彩关系和自然规律要统一。

　　（5）光影变化规律（自然光、灯光）要和谐真实。

　　（6）对象间的比例关系要协调。

　　动画背景从空间上可以分为两类：室外背景和室内背景。

4.1.1　室外背景

　　一般把室外背景又分为两类，一类是天然形成的宇宙万物，如天空、海洋、土地、山川、树木和花草等自然景观；另一类是人造世界，包括楼宇、桥梁、公路和隧道等人造景观。二者都受到春夏秋冬这些季节变化带来的影响，甚至一天中的白昼、黑夜的交替也会令其观影、冷暖产生丰富的变化，如图 4-1 和图 4-2 所示。

图 4-1　室外背景（1）

图 4-2　室外背景（2）

4.1.2　室内背景

　　室内背景设计与室外背景相比，虽然是一个小范围的环境设计，但由于它与生活中的人物的活动密切相关，因此，这种带有目的指向性的表现更为细致。居住环境或干净整洁或一片狼藉，或富丽堂皇或绳床瓦灶，更倾向于从一个侧面反映人物的精神面貌，不仅能体现出人物的情趣爱好、性格习惯等细节，反映出其家庭背景及经济情况，还能够暗示故事发生的场所及当时的氛围，如图4-3和图4-4所示。

图4-3　室内背景（1）

图4-4　室内背景（2）

动画背景的绘制方法有很多，也有很多的表现方法。这里从透视学的角度简单介绍一下动画背景的绘制。

4.1.3　平行视角的动画背景

平行视角是指镜头（观看者的视点）与画面保持平行。它的优点是稳定，容易让大家接受。缺点是频繁地使用平行视角，会引起动画整体的平叙、毫无生气。下面就来绘制一个典型的平行视角的动画背景图。

（1）在舞台中绘制一条水平线，把这条水平线命名为视平线。视平线就是观察者眼睛的高度。在视平线上确定两个不重复的点，命名为余点 1 和余点 2。这两个余点就是绘制背景的消失点。

（2）在舞台中利用几何图形绘制一个楼房的背景。自然界中任何物体的外形都可以利用几何图形来表现。在视平线上绘制一条垂直线段，这就是将要表现的楼房的高度。垂直线段的 y 轴位置要根据你要绘制的楼房的高度而决定。例如，楼房高度是 15 米，你的视平线高度是 1.5 米。

（3）由这条垂直线段的顶点和底点分别于余点 1 和余点 2 连接虚线。这四条连接虚线就是物体的消失方向。

（4）在垂直线段的两侧，使用垂直线段截出楼房的两个侧面。与余点距离近的侧面要小一点，这是由于透视变形产生的。把垂直线段截取到的连线修改为实线。这样一个直角平行六面体就绘制完成了，如图 4-5 所示。

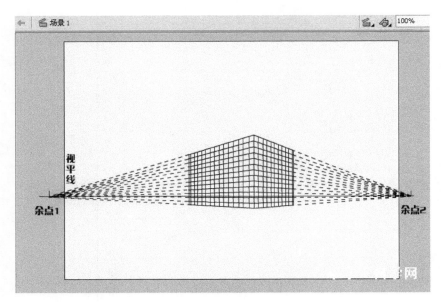

图 4-5　六面体

（5）这还不是一个楼房的图形，还要继续修饰，在中间的垂直线段上均匀地设置10个点。

（6）由每个点向余点1和余点2做连线。也就是要绘制楼房上面的窗户的消失线。

（7）把楼房图形范围内的虚线修改成实线。

（8）确定楼房窗户的水平间隔距离。由于楼房产生了透视变形现象，所以原本水平间隔相等的距离，变得距离余点越近，距离越小，如图4-6所示。

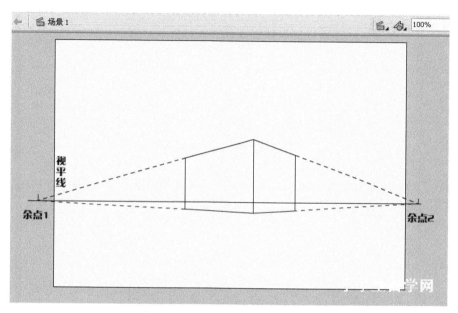

图4-6　透视变形效果图

（9）最后，把多余的线条删除，平行视角的线图绘制完成，如图4-7所示。

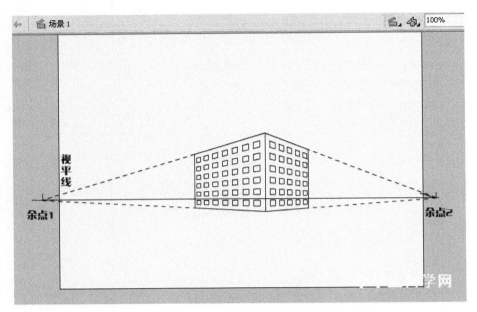

图 4-7　平行视角的线图

（10）利用油漆桶工具给楼房填充颜色，一个漂亮准确的背景楼房就出现了，如图 4-8 所示。

图 4-8　完成效果图

4.1.4　俯视视角的动画背景

俯视视角是指镜头从上向下观察的状态。由于俯视效果在视觉上给观赏者的震撼性最大，所以很多作品都采用这项技法。下面介绍一下仰视视角的绘制方法。

（1）配置视平线、余点和地点。地点是指物体向下消失的点。

（2）在视平线以下、两个余点之间绘制一条垂直线段。

（3）垂直线段的两个端点分别与两个余点连接，并连接地点，如图4-9所示。

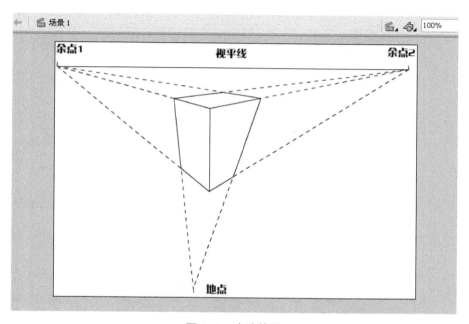

图4-9　点连接图

（4）利用平行视角绘制门窗的方法，就能够完成这幅俯视效果透视图了，如图4-10所示。

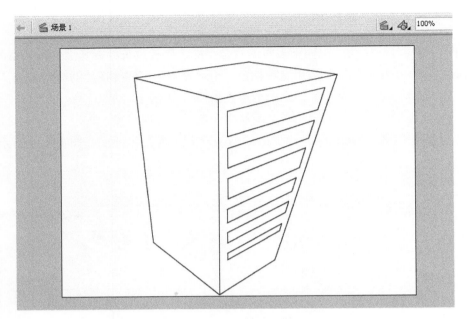

图 4-10　俯视效果透视图

（5）利用颜料桶工具填充颜色，一个俯视视角的背景楼房就出现了，如图 4-11 所示。

图 4-11　完成效果图

4.1.5 仰视视角的动画背景

仰视视角是指镜头从低处向上看，物体所产生的透视效果。多用来表现高大、壮观的物体。下面介绍一下仰视视角的绘制方法。

（1）在舞台中绘制一条水平线，命名为视平线。

（2）在视平线上方确定一点，命名为天点。这个点就是物体向上消失的点。在视平线上再确定一点，这一点叫作心点，是观察者眼睛的位置，如图 4-12 所示。

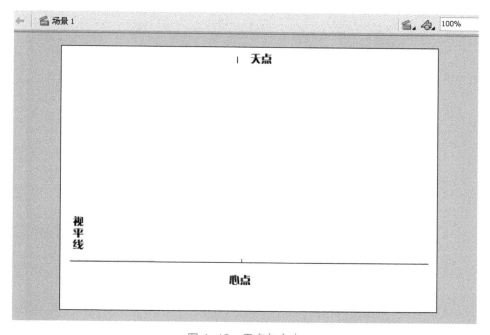

图 4-12　天点与心点

（3）在视平线与天点间绘制一条水平线段，并连接天点与水平线段两端点，如图 4-13 所示。

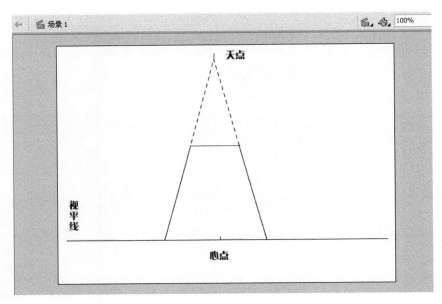

图 4-13　连线图

（4）利用同样的方法绘制其他物体，如图 4-14 所示。

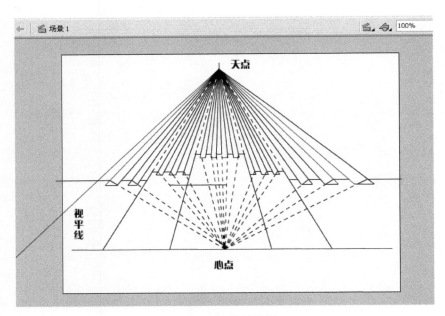

图 4-14　其他绘制

（5）然后进行细部的修饰。修饰过程中所使用的绘画方法都要遵循这个原理，如图 4-15 细部绘制所示。

（6）把多余的线条删除，仰视视角的线图完成，如图 4-16 所示。

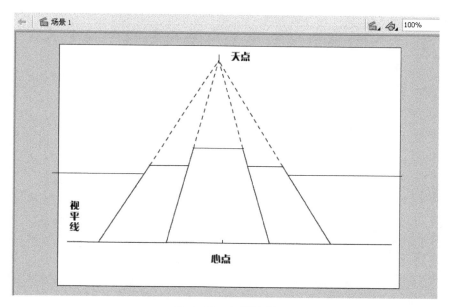

图 4-15　细部绘制

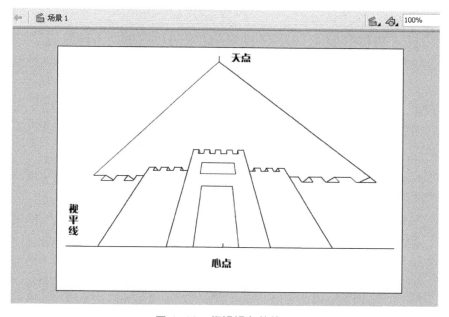

图 4-16　仰视视角的线图

　　这三种透视方法除了在绘制背景方面应用广泛以外，在 Flash 动画的镜头应用方面也是极其关键的。我们知道，Flash 动画与电影艺术不同，电影艺术中镜头能够随意移动，从而来表现不同的画面主题，而 Flash 产生镜头的运动效果就要靠我们把运动的图像绘制出来。而透视知识在镜头运动方面的优势表现得可谓是淋漓尽致。

【实训内容】完成《贪婪的鬼子》背景设计
【课时要求】4 课时
【阶段成果】室内、室外背景设计稿

流程二　原画

【内容概述】原画的概念，原画师所具备的能力
【知识目标】了解原画的概念，掌握原画师所具备的技能
【能力目标】掌握原画绘制技能
【素质目标】熟悉二维动画原理，具备较强的创意能力和动作把握能力

4.2.1　原画的概念

原画是指动画创作中一个场景动作之起始与终点的画面，以线条稿的模式画在纸上。阴影与分色的层次线也在此步骤画进去。因此有人译作"key-animetor"或"illustrator"（较少用）。 换句话来说是指物体在运动过程中的关键动作，在电脑设计中也称关键帧，原画是相对于动画而言。 原画不是生来就有的，一些风格较独特的艺术动画片种就不存在原画概念，它只是在大规模的动画片制作生产中应运而生的，为了便于工业化生产，从而独立出来的一项重要工作，其目的为了提高影片质量，加快生产周期。

原画创作是决定动画片动作质量好坏最重要的一道工序。传统二维动画片的制作顺序一般如下，先有文学本，然后编成文学剧本，绘制分镜头，绘制设计稿，进行原画创作，加动画，上色，拍摄，剪辑，配音，配乐。在沙土动画、黏土动画、剪纸动画等定格动画中都不存在原画的概念，因为每一张都是同等重要的。

在对原画的理解上大致分为两大类，一种以美国为代表，以迪士尼公司为典型，在他们的片子中，原、动画的质量水准差距不大，张数较多，原画的概念较弱，一套动作是一气呵成的，原、动画不很分明。另一种以日本为代表，原、动画的差距较大，因为日本动画通常以叙事为主，讲究情节，不追求动作的流畅性，而是更为重视动作的结果，所以原画的概念就较强。

4.2.2　原画所需要的能力

　　关于原画所需要的能力，首先是对空间感，即所谓的人物与背景的透视关系。就好像如果一个人去学素描，那么一个合格的素描老师教你的第一件事，一定是构图，而不是绘画一样。

　　其次是对原画绘制，即关键帧的理解，动作规律的理解，以及动作的夸张变形程度的理解。原画绘制能力分三层，第一层为对角色造型的塑造能力，这是最基础的。换句话说就是画的人像不像、好不好看，而且是可动的、多角度的造型。第二层为对角色动作的塑造能力，包括运动规律，动作的夸张，形变，动作的合理性等。第三层为对动作中时间的塑造能力，原画要画的不仅仅是动作而已，原画要表达的是，这是一个怎么样的动作，是一个很快的动作，很慢的动作，或者有节奏的，时快时慢的动作，在动作进行的时候，人物的内心活动等，如图4-17所示。

图 4-17　"贪婪的鬼子"原画

第三是涉及 timeseed 和分层的问题，如何合理地填写 timeseed（也称为摄影表），不仅仅是对时间的理解的升华，而且直接影响到在下一个动画环节绘制时候的绘画分层问题，老练的原画会把层分得很有条理，方便制作，也方便加动画。

第四，这点其实对所有的动画制作人员都是必须具备的，吃苦耐劳的精神，绘制原画很有可能连续奋战几个月，没有任何休息，同时，每天的工作时间都在 16 小时以上，吃苦耐劳的精神和强大的心理素质是所有动画人所必备的品质。

原画的最后一项能力，就是表演的能力。换句话说，你想让观众看到什么，你就得画出来什么，你不想让观众看到，你就不画，而作为演出，最重要的一点，就是通过镜头语言，把感情直接传达给观众，如图 4-18 所示。

图 4-18　情感丰富的原画

4.2.3　原画师要求

（1）要有扎实的美术基础

原画师一定要有扎实的美术基础，具有熟练的绘画技巧，对动画的角色造型要有深入的理解，素描功底的深浅直接影响着原画师对所绘制角色的理解，这包括了角色的造型、透视、动作变化及动作设计等。在观看动画片时，如果你认真观看，会发现有很多的跑型问题，在上一个镜头中角色的脸型还是瘦瘦的，经过了一系列动作后，角色的脸型就开始变得臃肿，很多情况下在绘制角色转头动作时，如果对角色没有很好地理解，经常会出现侧面和正面不是一个人的情况，所以为了避免出现类似的情况，原画师就要加强自己的造型能力，原画这个环节如果画不好，直接影响下一环节动画（中间画）的制作。

（2）具有吃苦耐劳的熬夜精神

做动画是一个耐心的工作，周期一般比较长，但是在某些时候，时间要求非常紧，在很短的时间内完成复杂的工作，就需要经常加班画画。因为绘制过程要通过绘图板，还有软件的限制，就没有像传统动画那样在纸上绘画自由。原画涉及多方面的知识，也注定了原画师的业余时间是在书本和网络上度过的。

（3）细心观察与生活积累

在日常生活中应该注意对身边人、事、物的观察，积累生活经验，为画好各类形象及形态动作做准备。网络也提供给了我们很好的学习平台，可以通过互联网了解我们需要的各种知识。原画师对电影、电视、音乐、武术、舞蹈也应该了解。

（4）具备表演知识

角色是由线条组成的，是静止的造型，我们要赋予他们生命，让静止的角色动起来。这就要求原画师本身是一名好演员，在规定的动作范围内，原画师可以根据自己的理解，添加一些使角色更加生动的动作。传统动画公司的原画师们的桌子上一般有一块镜子，原画师在画特定表情时，只需要在镜子前做一做相应的表情动作就可以很好地完成绘画，如图4-19所示。

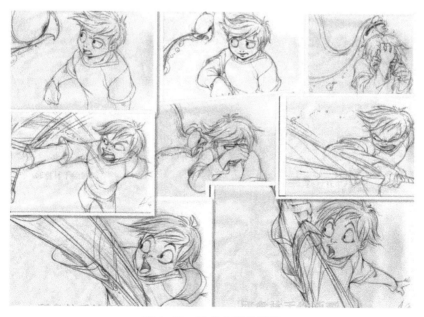

图4-19　动作丰富的原画

【实训内容】完成《贪婪的鬼子》原画设计
【课时要求】8 课时
【阶段成果】所有角色的原画设计稿

▶▶ 流程三　动画中间画

【内容概述】中间画简介，质量标准，工作过程
【知识目标】了解中间画的概念，掌握中间画的质量标准和工作过程
【能力目标】具有中间画的绘制能力
【素质目标】具有较强的绘画表现能力和对人物、场景、动作、道具等把握能力

　　一个流畅的动画片是由很多张画组成的，这些画的第一张跟最后一张被称为原画，其余中间的部分，被称为中间画，也叫作动画。由于中国动画多少受到日本动漫行业影响，而在日语里面，中间画叫作中割，因此中国的有些动画制作人也把中间画叫中割。

　　"原画"的工序后就是"动画"的工序，即"中间画"。在"原画"绘制完关键动作后，"动画"的工作就是将这些关键动作连接起来。也就是按照原画的要求，在原画与原画间加入中间画，形成完整的动画。在动画创作中，中间画是非常重要的。事物的运动是否流畅，完全取决于中间画。下面将对中间画做一下简单介绍。

4.3.1　中间画工作简介

　　中间画要做的工作就是将设计好的关键动作连贯起来，即原画之间的变化过程，按照角色的标准造型、规定的动作范围、张数及运动规律，一张一张画出中间画来。

　　中间画工作是一项非常繁重的、重复性强的劳动，动画工作需要严谨的设计及绘制，不可以随意改造。动画工作人员需要经过严格的训练才能胜任工作。

4.3.2　中间画工作的过程

　　动画片中每一镜头的中间画，都必须对照相机摄影表进行操作，要符合原画的规定。所画的中间动作姿态必须符合运动规律，还要有一定的创造性。中间画上的形象要做到造型准确、结构严谨、线条清楚、画面整洁。一动画完成后，要交给动

画设计审看，符合要求后再画二动画。在一个镜头的所有中间画全部完成之后，自己要先做一次全面检查，做到不走形、不漏线、不缺张数，再将完成的镜头交给动画检验人员审查，直到通过为止。

4.3.3 检查中间画质量的标准

（1）对原画动作设计的意图是否理解清楚，是否准确表现出来。
（2）是否熟练掌握角色造型，是否能准确地绘制形象的转面、动态的结构。
（3）所绘动画线条是否达到要求。
（4）角色的动作与运动是否符合运动规律。
（5）画面是否整洁，动画张数是否齐全，号码和标记是否准确。

4.3.4 动画中间画的绘制方法

（1）传统方法绘制中间画

传统方法绘制中间画时，要按照原画的编号顺序，将前后两张原画套在动作定位器上，再在其上覆盖上一张规格相同的空白画纸，打开灯光，在两张原画的形象动态之间，按照要求画出第一张中间画，这张中间画的动作间距和动态变化往往比较大，难度比较高，我们称之为"一动画"。一动画完成后，再将第一张原画与一动画相叠在一起，套在定位器上，覆盖上另一张空白画纸，画出"二动画"，直到两张原画之间的中间过程式动画全部完成。绘制中间画是一项十分繁复、细致的工作。一部10分钟左右的短片，除原画外，通常需要绘制4000到6000张的中间画。这些工作都由动画人员来完成。

中间画人员是原画的助手和合作者。主要职责和任务是：将原画关键帧之间的变化过程，按照原画所规定的动作范围、帧数及运动规律，一张张地画出来。中间画就是运动物体关键帧之间渐变的过程。

例如，一个小人走路的动画（如图4-20所示），因为左右对称，所以只画2张原画，

图 4-20 动作分解图

编号为①、③，然后拷贝①为⑨，拷贝①并水平翻转成⑤，拷贝③并水平翻转成⑦，这样 2 张原画就成为 5 张原画。再根据①、③绘制②，根据③、⑤绘制④，根据⑤、⑦绘制⑥，根据⑦、⑨绘制⑧，②、④、⑥、⑧就是原画的中间画。

(2) Flash 绘制中间画

在 Flash 中，有些渐变的过程可以用补间实现，通俗地说，就是在关键帧之间，由电脑合成中间画，即补间。在 Flash 软件中，"洋葱皮"功能就像动画里的透光台，使我们方便地看到帧前与帧后的画面，方便我们制作中间画。

例如，运动补间动画，只需要定位好对象的起始和终点位置，创建补间动画就可以很轻松地实现流畅的动画效果，如图 4-21 所示。

图 4-21　运动补间动画

【实训内容】完成《贪婪的鬼子》中间画设计
【课时要求】16 课时
【阶段成果】简单分镜动画

▶▶ 流程四　定色与着色

【内容概述】色彩的应用，着色与定色原则
【知识目标】对动画中需要用到的色彩进行设定，并对相应部分进行上色
【能力目标】熟悉色彩构成，熟练运用色彩语言

【素质目标】具备艺术审美能力，对色彩感觉较好

自彩色动画诞生以来，色彩在动画片中的运用越来越被人们所重视。从创作构思到制作过程及整部动画片中所涉及的角色造型、背景及动画整体风格的确立，都与色彩有着密切的联系。色彩创造气氛、影响气氛，每一部动画片都有其特定的"灵魂"，而色彩在这个"灵魂"的塑造上无疑扮演了非常重要的角色。

4.4.1　色彩在动画中的作用

动画角色标准造型的色彩与其性格塑造也是息息相关的。根据色彩设计人员确定的色法和色彩指定，经过上色之后，角色的标准造型就呈现出五彩斑斓的色彩。动画角色造型的色彩设计采用的颜色种类较少、配色简单。当某种颜色在设计与配色中占的比例较大时，动画角色就给人以该颜色为基调的色彩感觉。针对特定的性格，色彩设计有相同的色彩习惯，这显示出角色的色彩蕴涵的性格意义具有共通性。比如，整体呈现出白色的动画角色给人和平的感觉；呈现出红色的动画角色给人热情澎湃、妙趣横生及容易亲近的感觉；呈现出黑色的动画角色给人神秘冷酷、严肃认真、恐怖的感觉；呈现出紫色的动画角色给人优雅高贵的感觉。

在运用色彩视觉元素时首先要对画面的色彩进行选择，即从如何处理主体、陪体和环境这三者的色彩关系入手，确定主体色彩后再确定陪体的色彩，以期能使环境色彩既能烘托主体又能统一画面的整体色调。动画片画面色彩同样可以传达悲喜的情绪，但这些悲喜的情绪常常是通过可视的眼泪或者笑脸来转述的。留恋、愤怒所有内在的意义都要在人物的表情色彩搭构中寻到痕迹。一些动画片的创作常常会通过主角的演绎来呈现动画片描述的人物性格，好的动画作品善于抓住画面的细节，对人物色彩进行精心的雕琢，凸显隐藏其中的视觉矛盾，让观众在内心接受了表象化的人物色彩之后，进一步领悟人物的情绪和思想。这和中国传统的审美观念是十分吻合的。动画片通过色彩搭配的矛盾显现来表现人物形象的表象化特征，也正暗合了这种审美观对于婉约风格的追求，因为经过表象化人物的中转，作品的思想和情绪是迂回传递给大众的，大众的感动发生在对人物形象的体味和思考之后。

4.4.2　定色与着色

一部动画片中所有的人物造型及机械造型设计完之后，导演及造型设计师们必须和色彩设计师共同敲定人物的色彩。色彩设计必须配合整篇作品的色调来设计人物的颜色。色稿敲定之后由色彩指定人员来指定更详细的颜色种类。然后再由专门的人员进行上色。在了解具体的工作过程之前先来了解两个概念。

（1）色法

色法是指上色的规则，分单色法、双色法、三色法和五色法等，一般由色法的多少来表现画面色彩和明暗层次的多少。一部动画片的风格与其制作成本的高低是色法限定的两个主要因素。多色法会增加制作的难度和时间，但无论是单色法或是多色法，运用得当都会传达出各自不同的视觉美感。以一个面为例，单色法只上一种颜色，而双色法则要在一个平面上分出两个色区，通常以此表现明暗两个面，传达出"立体"的概念。

（2）色指定

色指定是对涂绘在胶片上的色彩而言，是所需色彩的配比比例的指定，而对电脑上色的制作方法则是根据设计确定的彩度与明度用 RGB 值表示，以确保同一角色色彩使用的统一、标准。对于造型的色彩设计，不仅要考虑角色间的差别，还需考虑与背景色调的区别与统一。

多年前还没有使用计算机上色时，是使用水彩颜料在白纸上来进行色彩设计（如图 4-22 所示）。水彩颜料的色彩多半不由各制作公司自行调色，都按颜料公司提供的色卡和现成的色彩种类来设计。不自己调色的原因很简单，因为色彩设计之后要由着色人员来上色，如果自己调色的话，要各上色人员调出一样的颜色是很困难的。当然导演要求及经费允许情况下，制作公司可以要求颜料公司制作出所需的颜色再瓶装分发给上色人员。由于颜色的种类在色彩设计过程之前已经由颜料公司指定了，因此多年前色彩设计师均兼任色彩指定人员。而许多动画的色彩也看起来都一样。

图 4-22　手工上色

现在的动画色彩设计及色彩指定都使用软件来进行（如图 4-23 所示）。各公司使用的软件都不同，只要是处理影像的软件都可以进行色彩设计。要注意的是，各软件处理色彩的方式不同，因此在交付给上色人员时要指定同样软件来着色。也由于制作方式的数字化及选色的自由，使得目前的色彩设定选择范围加大及定出更为细腻多变化的色彩。

图 4-23 软件上色

【实训内容】完成《贪婪的鬼子》上色工作
【课时要求】4 课时
【阶段成果】上色后的角色和背景稿

▶▶ 流程五　Flash 动画的创建

【内容概述】Flash 软件的应用
【知识目标】掌握逐帧动画、补间动画、引导动画、遮罩动画的制作方法
【能力目标】应用 Flash 软件完成动画设计能力
【素质目标】具备较强的动作把握能力

Flash 是以流控制技术和矢量技术等为代表，能够将矢量图、位图、音频、动画和深一层交互动作有机地、灵活地结合在一起，从而制作出美观、新奇、交互性更强的动画效果。Flash 技术和动画结合，有多媒体和互动两个特性。具体来说，它一改将平面漫画照搬到网络上仍然是静态页面的展现形态，而实现了动态页面，生成了一种新的表现形态：动态漫画乃至互动漫画。随着网络多媒体制作技术的发展，

音乐、动漫、文字实现了互相穿插链接。

Flash 动画具有以下特点：

（1）利用 Flash 制作的动画是矢量的，无论把它放大多少倍都不会失真。

（2）Flash 动画具有交互性优势，可以更好地满足所有用户的需要。它可以让欣赏者的动作成为动画的一部分。用户可以通过点击、选择等动作，决定动画的运行过程和结果，这一点是传统动画所无法比拟的。

（3）Flash 动画可以放在网上供人欣赏和下载，由于使用的是矢量图技术，具有文件小、传输速度快、播放采用流式技术的特点，因此动画是边下载边播放，如果速度控制得好，则根本感觉不到文件的下载过程。

（4）Flash 动画有崭新的视觉效果，比传统的动画更加灵巧，更加"酷"。不可否认，它已经成为一种新时代的艺术表现形式。

（5）Flash 动画制作的成本非常低，使用 Flash 制作的动画能够大大地减少人力、物力资源的消耗。同时，在制作时间上也会大大减少。

（6）Flash 动画在制作完成后，可以把生成的文件设置成带保护的格式，这样维护了设计者的版权利益。

Flash 动画分为逐帧动画、动作补间动画、形状补间动画、引导层动画、遮罩动画等，下面将对各种形式的动画进行简单的介绍。

4.5.1　逐帧动画

针对 Flash 而言，动画都是在帧上实现的，逐帧动画就是一帧一个画面，连续多帧就成一个动画了。由于是一帧一帧地画，所以逐帧动画具有非常大的灵活性，几乎可以表现任何想表现的内容。

（1）逐帧动画的概念

在时间帧上逐帧绘制帧内容称为逐帧动画。

（2）创建逐帧动画的几种方法

①用导入的静态图片建立逐帧动画。

②用 jpg、png 等格式的静态图片连续导入 Flash 中，就会建立一段逐帧动画。

③绘制矢量逐帧动画。

④用鼠标或压感笔在场景中一帧帧地画出帧内容。

⑤文字逐帧动画。

⑥用文字做帧中的元件，实现文字跳跃、旋转等特效。

⑦导入序列图像。

⑧可以导入 gif 序列图像、swf 动画文件或者利用第三方软件（如 swish、swift 3D 等）产生的动画序列。

由于逐帧动画的帧序列内容不一样，不仅增加制作负担而且最终输出的文件量也很大，但它的优势也很明显：因为它相似于电影播放模式，很适合于表演很细腻的动画，如 3D 效果、人物或动物急剧转身等效果。

（3）逐帧动画在时间轴面板上表现

逐帧动画建立后，时间帧面板每个有内容的关键帧都显示为一个黑色的实心的圆点，如图 4-24 所示。

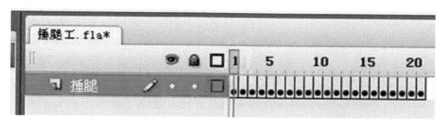

图 4-24　逐帧动画在时间轴面板上表现

【实战练习】

制作小鬼子捶腿动画。

首先对人物的几个关键动作进行构图设计，分解图如图 4-25 所示。

抬右手　　　　　双手抬起　　　　　抬左手　　　　　双手抬起

闭眼　　　　　睁开右眼　　　　　惊讶状

图 4-25　分解动作

操作步骤：

①新建一个 Flash 文件，命名为"捶腿工"，其他属性默认。

②将图层 1 改名为"捶腿"。

③在第 1 个关键帧绘制小鬼子捶腿的第 1 个动作"右手抬起"。

④为了后面的动作能和前面动作在同一位置，可使用垂直和水平标尺标齐。

⑤在第 2 帧插入关键帧，修改动作为"双手抬起"。

⑥在第 3 帧插入关键帧，修改动作为"左手抬起"，同时调整人物头部动作，使其整体协调美观。

⑦在第 4 帧插入关键帧，复制第 2 帧画面，从而形成一个连续动作。

⑧复制前 4 帧内容 3 次，在 17 帧插入关键帧，复制第 1 帧画面，在 18 帧插入关键帧，复制第 2 帧画面。

⑨在第 19 帧插入关键帧，复制第 3 帧画面，然后修改人物的眼睛，使其右眼微睁。

⑩在第 20 帧插入关键帧，复制前一帧画面，然后修改人物的眼睛，使其右眼睁开，同时修改头部、嘴巴及左手的动作，做出惊讶的表情，时间轴面板如图 4-26 所示。

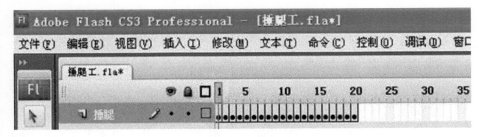

图 4-26　时间轴效果图

提示

　　如果动画播放速度太快，可以调整帧频或者在每两个关键帧之间插入普通帧延长动画以降低播放速度。

4.5.2　动作补间动画

动作补间动画也是 Flash 中非常重要的表现手段之一，动作补间动画的对象必须是"元件"或"成组对象"。运用动作补间动画，你可以设置元件的大小、位置、颜色、透明度、旋转等种种属性，配合别的手法，你甚至能做出令人称奇的仿 3D 的效果。

（1）动作补间动画的概念

在 Flash 的时间帧面板上，在一个时间点（关键帧）放置一个元件，然后在另

118

一个时间点（关键帧）改变这个元件的大小、颜色、位置、透明度等，Flash 根据二者之间的帧的值创建的动画被称为动作变形动画。

（2）构成动作补间动画的元素

构成动作补间动画的元素是元件，包括影片剪辑、图形元件、按钮等，除了元件，其他元素包括文本都不能创建补间动画。其他的位图、文本等都必须要转换成元件才行，只有把形状"组合"或者转换成"元件"后才可以做"动作补间动画"。

（3）动作补间动画在时间帧面板上的表现

动作补间动画建立后，时间帧面板的背景色变为淡紫色，在起始帧和结束帧之间有一个长长的箭头，如图 4-27 所示。

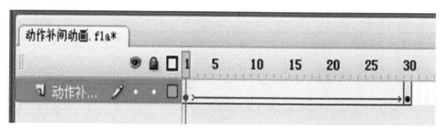

图 4-27　动作补间动画在时间帧面板上的表现

（4）创建动作补间动画的方法

在时间轴面板上动画开始播放的地方创建或选择一个关键帧并设置一个元件，一帧中只能放一个项目，在动画要结束的地方创建或选择一个关键帧并设置该元件的属性，再单击开始帧，在【属性面板】上单击【补间】旁边的"小三角"，在弹出的菜单中选择【动画】，或单击右键，在弹出的菜单中选择【创建补间动画】，就建立了"动作补间动画"，如图 4-28 所示。

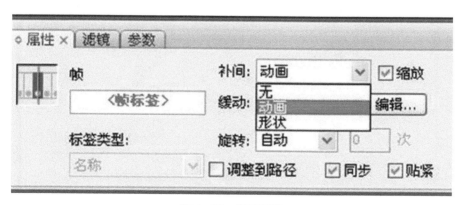

图 4-28　属性面板

【实战练习】

制作小鸟飞翔动画。

（1）新建文件，舞台大小默认。

（2）新建一个影片剪辑原件命名为"小鸟"，制作一个小鸟扇动翅膀的逐帧动画，分解动作如图 4-29 所示。

图 4-29　分解动作

（3）切换回场景 1，将图层 1 改名为"小鸟飞"。

（4）打开库，将影片剪辑原件"小鸟"拖到舞台上，并调整好起始位置在舞台左上方，效果如图 4-30 所示。

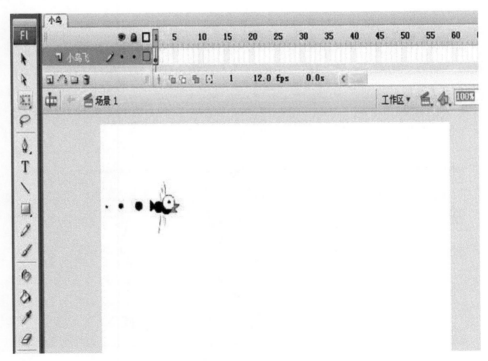

图 4-30　影片剪辑原件

（5）在第 20 帧插入关键帧，调整小鸟的位置到舞台中间下方，并将小鸟大小变为原来的 80%，效果如图 4-31 所示。

图 4-31　调整位置

（6）在第 40 帧插入关键帧，调整小鸟的位置到舞台右上方，再把小鸟变回原来大小，按下"绘图纸外观"按钮，可以看到效果如图 4-32 所示。

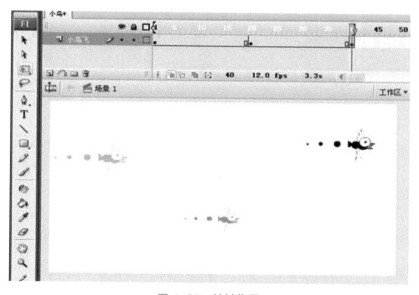

图 4-32　关键位置

（7）同时选中 1 到 40 帧，右击鼠标，从弹出的快捷菜单中选"创建补间动画"，时间轴效果如图 4-33 所示。

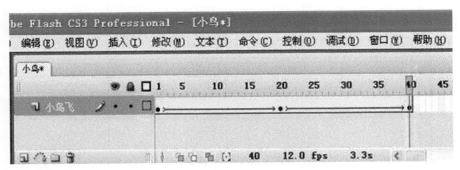

图 4-33　时间轴效果

（8）按下 Ctrl+Enter 测试影片。

4.5.3　形状补间动画

形状补间动画就是只要设置起始帧和终止帧上对象的形状，由 Flash 自动生成其他过渡形状的动画。也可以说是通过帧的运动来改变其形状。形状补间动画的体积跟使用关键帧的多少有直接关系，使用的关键帧多，体积就大；使用的关键帧少，体积就小。因此，只用了前后两个关键帧的补间动画是一种既能简化制作，又能减小体积、节省空间的动画形式。形状补间动画是 Flash 中非常重要的表现手法之一，运用它，你可以变幻出各种奇妙的不可思议的变形效果。

（1）形状补间动画的概念

在 Flash 的时间帧面板上，在一个时间点（关键帧）绘制一个形状，然后在另一个时间点（关键帧）更改该形状或绘制另一个形状，Flash 根据二者之间的帧的值或形状来创建的动画被称为"形状补间动画"。

（2）构成形状补间动画的元素

形状补间动画可以实现两个图形之间颜色、形状、大小、位置的相互变化，其变形的灵活性介于逐帧动画和动作补间动画二者之间，使用的元素多为用鼠标或压感笔绘制出的形状，如果使用图形元件、按钮、文字，则必先"打散"再变形。

（3）形状补间动画在时间帧面板上的表现

形状补间动画建好后，时间帧面板的背景色变为淡绿色，在起始帧和结束帧之间有一个长长的箭头，如图 4-34 所示。

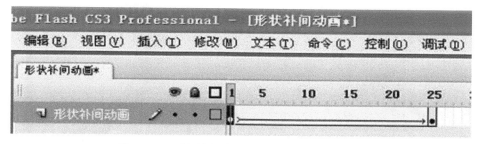

图 4-34　形状补间动画在时间帧面板上的表现

（4）创建形状补间动画的方法

在时间轴面板上动画开始播放的地方创建或选择一个关键帧并设置要开始变形的形状，一般一帧中以一个对象为好，在动画结束处创建或选择一个关键帧并设置要变成的形状，再单击开始帧，在【属性】面板上单击【补间】旁边的小三角，在弹出的菜单中选择【形状】，或单击右键，在弹出的菜单中选择【创建补间形状】，就建立了"形状补间动画"，如图 4-35 所示。

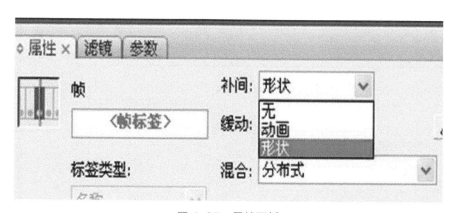

图 4-35　属性面板

【实战练习】

制作"人"变形动画。

（1）新建文档，基本属性默认。

（2）在第 1 个关键帧用椭圆工具和刷子工具绘制一个简笔画的小人图形，并相对于舞台居中对齐，如图 4-36 所示。

（3）在第 10 帧插入关键帧，删掉小人图形，用文本工具写一个"人"字，高度大概与"小人"的图形高度相同，如果利用字体属性调整高度还小，可用任意变形工具进一步调整（如图 4-37 所示），选中第 10 帧的"人"字，按下 Ctrl+B，将其打散。

图 4-36　形状（1）　　　　　　　　　　　图 4-37　形状（2）

（4）在时间轴面板的第 1 帧到第 10 帧任意位置右击，选择"创建补间形状"，变形动画创建完成，如图 4-38 所示。

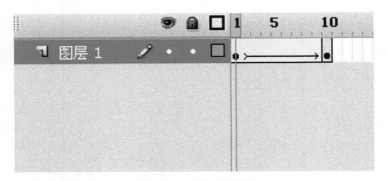

图 4-38　时间轴效果

（5）测试动画，会看到动画效果不是很美观，变形的过渡效果有些乱。第 5 帧补间效果如图 4-39 所示。

图 4-39　补间效果

（6）针对这种情况可用"添加形状提示"的办法改善。选中第1帧关键帧，并单击"修改"菜单命令，选"形状"下的"添加形状提示"。此时会看到舞台中间出现一个红色的小a图标，同样的方法再添加两个形状提示点b和c，如图4-40所示。

图4-40　添加形状提示点

（7）将图标a拖动到小人的左脚部位，图标b拖动到小人的右脚部位，图标c拖动到小人的头顶部位，如图4-41所示。

图4-41　调节形状提示点

（8）选中第 10 关键帧，分别拖动形状提示点到相应位置，如图 4-42 所示。

图 4-42　调节形状提示点

（9）再次测试动画，会看到变形动画变得更加流畅美观了。第 5 帧补间效果如图 4-43 所示。

图 4-43　补间效果

4.5.4　引导层动画

引导层动画是 Flash 中最基本的运动技法之一，它可以使一个或多个元件完成曲线或不规则运动。使用引导层可以创建对象沿着某条特定的路径运动的效果，并且可以设置运动的状态。引导层分为普通引导层和运动引导层两种，引导层在动画的制作过程中主要起着辅助引导的作用，在实际动画的效果中并不真正显示引导层的图形，因此，利用引导层可以制作出很有特色的动画。

阶段四 动画制作

利用引导线可以制作出比直线运动补间动画更自然的曲线移动效果，在制作过程中路径引导动画必须具备两个图层，上面一个图层叫引导层，下面一个图层是被引导层，组合在一起形成的动画就是路径引导动画。引导层的原理就是把画出的线条作为动作补间元件的轨道。引导层的作用是辅助其他图层对象的运动或定位，例如，我们可以为一个球指定其运动轨迹。另外也可以在这个图层上创建网格或对象，以帮助对齐其他对象。当被导向层被选择时，所代表的层与导向图层将产生某种关联。

提示

　　试一下能不能选择线的一部分就可以确定是不是打散的图形；被引导层在引导层的下面，并且缩进，如不是，把被引导层拖到引导层下面，并向引导层上靠，就会缩进；图片吸附到引导线时一定要准，位置不准确不行，可打开吸附作用。

（1）引导层动画的概念

将一个或多个层链接到一个运动引导层，使一个或多个对象沿同一条路径运动的动画形式被称为引导路径动画。

①创建引导层和被引导层

一个最基本引导路径动画由两个图层组成，上面一层是引导层，它的图层图标为 ，下面一层是被引导层，图标 同普通图层一样。

在普通图层上点击时间轴面板的"添加引导层"按钮，该层的上面就会添加一个引导层，同时该普通层缩进成为被引导层，如图 4-44 所示。

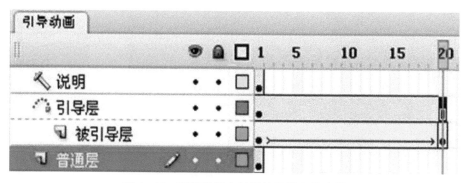

图 4-44　引导动画在时间帧面板上的表现

②引导层和被引导层中的对象

引导层是用来指示元件运行路径的，所以引导层中的内容可以是用钢笔、铅笔、线条、椭圆工具、矩形工具或画笔工具等绘制出的线段。而被引导层中的对象是跟着引导线走的，可以使用影片剪辑、图形元件、按钮、文字等，但不能应用形状。

由于引导线是一种运动轨迹，不难想象，被引导层中最常用的动画形式是动作补间动画，当播放动画时，一个或数个元件将沿着运动路径移动。

③向被引导层中添加元件

引导动画最基本的操作就是使一个运动动画附着在引导线上。所以操作时特别得注意引导线的两端，被引导的对象起始、终点的两个中心点一定要对准引导线的两个端点，如图4-45所示。

图4-45　中心点对齐

（2）应用引导路径动画的技巧

①被引导层中的对象在被引导运动时，还可做更细致的设置，比如运动方向，把【属性】面板上的【调整到路径】前打上钩，对象的基线就会调整到运动路径。如图4-46所示。

图4-46　属性面板

②引导层中的内容在播放时是看不见的，利用这一特点，可以单独定义一个不含被引导层的引导层，该引导层中可以放置一些文字说明、元件位置参考等，此时，

引导层的图标为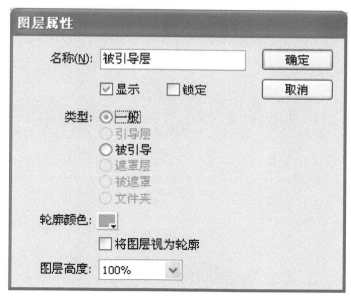。

　　③在做引导路径动画时，按下工具栏上的【对齐对象】功能按钮[图]，可以使对象附着于引导线的操作更容易成功。

　　④过于陡峭的引导线可能使引导动画失败，而平滑圆润的线段有利于引导动画成功制作。

　　⑤被引导对象的中心对齐场景中的十字星，也有助于引导动画的成功。

　　⑥向被引导层中放入元件时，在动画开始和结束的关键帧上，一定要让元件的注册点对准线段的开始和结束的端点，否则无法引导。如果元件为不规则形，可以按下工具栏上的任意变形工具[图]，调整注册点。

　　⑦如果想解除引导，可以把被引导层拖离引导层，或在图层区的引导层上单击右键，在弹出的菜单上选择【属性】，在对话框中选择 [一般] 作为图层类型，如图4-47所示。

图 4-47　图层属性

　　⑧如果想让对象做圆周运动，可以在引导层画个圆形线条，再用橡皮擦去一小段，使圆形线段出现 2 个端点，再把对象的起始点、终点分别对准端点即可。

提示

　　引导线允许重叠，比如螺旋状引导线，但在重叠处的线段必须保持圆润，让 Flash 能辨认出线段走向，否则会使引导失败。

【实战练习】

制作投掷炸弹动画。

（1）新建文档，舞台设为800像素×600像素，将图层1命名为"背景"，并导入背景图片设置居中对齐，长宽与舞台匹配，如图4-48所示。

图4-48　背景

（2）新建一个图形元件命名为"炸弹"，绘制一颗炸弹。如图4-49所示。

图4-49　炸弹

（3）将"背景"层锁定，并新建一层，命名为"炸弹飞"，并将"炸弹"元件
拖入舞台中。

（4）新建一个引导层，命名为"引导"，用铅笔工具在舞台上绘制出炸弹飞出
的路径，如图 4-50 所示。

图 4-50 炸弹飞出的路径

（5）选中"炸弹飞"层第 1 帧的炸弹元件，调整其位置，使其中心点与引导线
左端点对齐，如图 4-51 所示。

图 4-51 中心点起始端

（6）在"炸弹飞"层的第 20 帧插入关键帧，在"背景"和"引导"层的第 20 帧插入普通帧，调整"炸弹飞"层的第 20 帧中的炸弹位置，使炸弹的中心点与引导线的另一个端点对齐，效果如图 4-52 所示。

图 4-52　中心点末端

（7）在"炸弹飞"层创建补间动画。

（8）按下 Enter 键，预览动画，可以看到炸弹沿路径飞出效果，按下"绘图纸外观"按钮，查看运动过程，如图 4-53 所示。

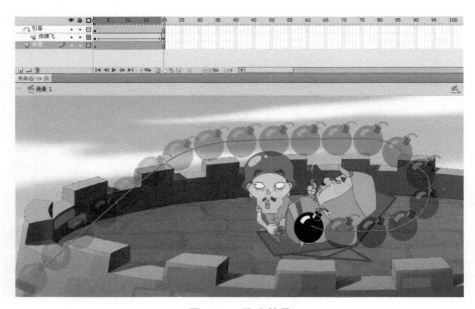

图 4-53　飞出效果

4.5.5 遮罩动画

（1）遮罩动画的概念

①什么是遮罩

遮罩，顾名思义就是遮挡住下面的对象。在 Flash 中，遮罩动画也确实是通过遮罩层来达到有选择地显示位于其下方的被遮罩层中的内容的目的，在一个遮罩动画中，遮罩层只有一个，被遮罩层可以有任意个。

②遮罩有什么作用

在 Flash 动画中，遮罩主要有两种用途，一个作用是用在整个场景或一个特定区域，使场景外的对象或特定区域外的对象不可见；另一个作用是用来遮罩住某一元件的一部分，从而实现一些特殊的效果。

（2）创建遮罩的方法

①创建遮罩

在 Flash 中没有一个专门的按钮来创建遮罩层，遮罩层其实是由普通图层转化的。只要在某个图层上单击右键，在弹出菜单中在【遮罩】前打个钩，该图层就会生成遮罩层，层图标就会从普通层图标变为遮罩层图标，系统会自动把遮罩层下面的一层关联为被遮罩层，在缩进的同时图标变为 ，如果你想关联更多层被遮罩，只要把这些层拖到被遮罩层下面就行了，如图 4-54 所示。

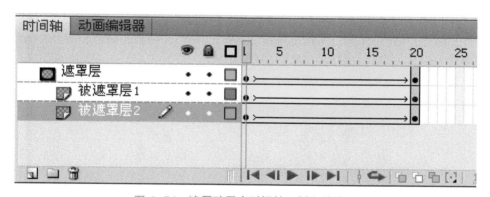

图 4-54 遮罩动画在时间帧面板上的表现

②构成遮罩层和被遮罩层的元素

遮罩层中的图形对象在播放时是看不到的，遮罩层中的内容可以是按钮、影片剪辑、图形、位图、文字等，但不能使用线条。如果一定要用线条，可以将线条转化为填充。被遮罩层中的对象只能透过遮罩层中的对象被看到。在被遮罩层，可以使用按钮、影片剪辑、图形、位图、文字、线条。

③遮罩中可以使用的动画形式

可以在遮罩层、被遮罩层中分别或同时使用形状补间动画、动作补间动画、引导层动画等动画手段，从而使遮罩动画变成一个可以施展无限想象力的创作空间。

（3）应用遮罩时的技巧

遮罩层的基本原理是：能够透过该图层中的对象看到被遮罩层中的对象及其属性（包括它们的变形效果），但是遮罩层中的对象的许多属性如渐变色、透明度、颜色和线条样式等却是被忽略的。比如，我们不能通过遮罩层的渐变色来实现被遮罩层的渐变色变化。要在场景中显示遮罩效果，可以锁定遮罩层和被遮罩层。可以用"AS"动作语句建立遮罩，但这种情况下只能有一个被遮罩层，且不能设置_alpha属性。不能用一个遮罩层试图遮蔽另一个遮罩层。遮罩可以应用在gif动画上。

提 示

在制作过程中，遮罩层经常挡住下层的元件，影响视线，无法编辑，可以按下遮罩层时间轴面板的显示图层轮廓按钮▢，使之变成▢，使遮罩层只显示边框形状，这种情况下，可以拖动边框调整遮罩图形的外形和位置。在被遮罩层中不能放置动态文本。

【实战练习】

制作望远镜效果。

（1）新建文档，舞台设为800像素×600像素，背景颜色设为黑色。

（2）将图层1命名为"背景"，并导入背景图片，设置图片与舞台大小一样，并居中对齐，如图4-55所示。

图4-55 背景

（3）新建影片剪辑元件，命名为"火"，制作一个火焰跳动的动画，可以用逐帧动画和形状补间动画，如图4-56所示。

图 4-56　火

（4）新建影片剪辑元件，命名为"炊烟"，制作一个炊烟上升的动画效果，如图4-57所示。

图 4-57　炊烟

（5）新建影片剪辑元件，命名为"小男孩"，制作一个小男孩烤鱼的逐帧动画，关键动作如图4-58所示。

动作 1　　　　　　　　　　　　动作 2

动作 3　　　　　　　　　　　　动作 4

图 4-58　小孩分解动作

（6）新建一个图形元件，命名为"小猫"，绘制一个小猫背面的图形元件。

（7）回到场景，新建图层 2，并改名为"人物"，将前面创建的"火"、"炊烟"、"小男孩"、"小猫"分别拖入场景中，并调整好大小和位置，如图 4-59 所示。

图 4-59　图层 2 内容

（8）新建图层 3，改名为"望远镜"，禁用"笔触"，用圆形工具画一个圆形区域，颜色随意，并将位置调整到舞台右上角，如图 4-60 所示。

图 4-60　绘制圆形区域

（9）在"背景"和"人物"层的第 60 帧插入普通帧。

（10）分别在"望远镜"层的第 15、第 30、第 60 帧插入关键帧，并分别调整圆形的位置和大小，并创建动作补间，形成一个由远到近、由小变大的效果。

（11）右击"望远镜"图层名称，在快捷菜单中单击"遮罩层"，这时可以看到与"人物"层建立了关联，但是"背景层"还是普通层，用鼠标向上拖动"背景层"，图标发生变化后也变成了被遮罩层。

（12）测试动画，最终效果如图 4-61 所示。

图 4-61　望远镜效果

【**实训内容**】完成《贪婪的鬼子》动画设计

【**课时要求**】8 课时

【**阶段成果**】生成"贪婪的鬼子 .fla"和"贪婪的鬼子 .swf"两个文件

阶段五

动画的后期合成阶段

在将动画制作到尾声时，需要对制作完的二维动画短片进行一个简单的包装，使其形成一个完整的动画。例如，加特效，为影片制作声音等。以制作的这个小短片为例，需要分步骤进行剪辑加音效及特效字幕，最后进行合成输出，完成整个动画片的制作收尾阶段。后期软件具体可以分为平面软件、合成软件、非线性编辑软件、三维软件等。具体用到什么软件则要视情况而定，毕竟每款软件都有其自身的优势。平时会经常用到 Adobe Premiere、Adobe After Effects（AE）及会声会影等来进行一个简单的动画后期剪辑合成。

通常会利用每款软件的功能优势来满足我们的需求。单就 Premiere 与 AE 两款软件有其相同的地方，也有其不同的地方。Premiere 的剪辑功能比较强大，主要用于剪辑电影，也可以做些简单的特效。AE 在做二维特效方面，比如抠像功能跟 Premiere 比起来就强大一些，但是用来剪辑视频也未尝不可。

▶ 流程一　剪辑

【内容概述】利用 Premiere 进行简单的视频剪辑
【知识目标】掌握 Premiere 常用工具的操作方法
【能力目标】熟练掌握视频剪辑能力
【素质目标】培养动画师所具备的细致观察能力和逻辑思维能力

所需软件：Premiere CS5（版本选择视个人情况而定）。Premiere 的基本操作如下。
（1）新建项目
双击打开桌面上的 Premiere 快捷方式，弹出开始画面，如图 5-1 所示。

图 5-1　Premiere 加载画面

　　在欢迎界面中，如果最近创建使用过 Premiere 的项目工程，会在"最近使用的项目"下显示，只要单击即可进入。要打开之前已经存在的项目工程，单击"打开项目"即可。如果之前没有创建过项目那么我们点击新建项目创建一个新项目，项目名称起名"二维动画"，如图 5-2 所示。

　　点击确定按钮可以配置项目的各项设置，使其符合我们的需要，一般来说，大都选择的是"DV-PAL 标准 48kHz"的预置模式来创建项目工程。在这个界面下，可以修改项目文件的保存位置，选择好自己的保存位置，如图 5-3 所示。

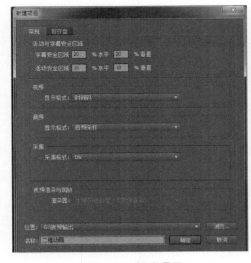

图 5-2　新建项目

图 5-3　选择项目设置

单击"确定"，程序会自动进入编辑界面，如图 5-4 所示。

图 5-4　编辑操作界面

Premiere 的默认操作界面主要分为素材栏、监视器调板、效果栏、时间线调板和工具箱五个主要部分，在效果栏的位置，通过选择不同的选项卡，可以显示信息调板和历史调板。

（2）新建序列

在进入 Premiere 的编辑界面之后，我们发现，Premiere 自动生成了"影片剪辑"的时间线。可以直接向这个时间线里导入素材进行编辑，也可以通过选择【文件】—【新建】—【序列】来新建一个时间线。

（3）导入素材

在编辑界面下，选择【文件】—【导入选择素材】命令，或者直接将素材拖进素材栏，也可以双击素材栏进行导入会自动弹出窗口，如图 5-5 所示，在弹出的界面中，选择需要导入的文件（可以是支持的视频文件、图片、音频文件等，可以点开文件类型一栏查看支持的文件类型）。

图 5-5　导入素材

单击"打开"按钮，等待加载之后，在素材栏里看到了刚才导入的小短片素材，如图 5-6 所示。

图 5-6　导入素材栏

这时我们只需要鼠标左键按我们的素材将素材拖进时间线，就可以对素材进行编辑了。

（4）基本的视频编辑操作

我们简单介绍一下工具栏，Premiere CS5 的工具栏在菜单栏的下方跟老版本一样，工具栏里面主要有 11 种工具，对于一般的剪辑而言，主要运用的是剃刀工具与选择工具。如图 5-7 所示。

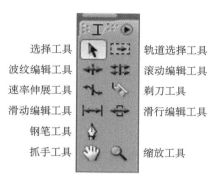

图 5-7　工具栏

如果素材在时间线上显得特别短，可以通过选择缩放工具　，对准时间线，点击将素材放大，或者滑动左下角的水平线　，选择剃刀工具　，对准素材需要分开的部分按下鼠标，素材会被剪开，成为两个独立的片段如图 5-8 所示。

图 5-8　剪开素材

这样就可以将素材中不需要的片段与需要的片段分开，然后单击选中不需要的片段，按下 Delete 键，就可以轻松删除不需要的片段，或者对选中的片段点击右键选择清除，也能将不需要的片段删除。

删除不需要的片段之后，可以通过鼠标拖动，将剩下的片段按照需要重新组合，这样就完成了对于素材的初步编辑。将认为不必要的镜头删除，留下有用的镜头，使影片更加顺畅合理。需要注意的是，在拖动素材的过程中，要注意截取的片段之间的衔接，另外，为了能更方便的操作，也可以把截取的片段放到下面的视频层上。

【实训内容】完成《贪婪的鬼子》动画片的场景转换设计
【课时要求】2课时
【阶段成果】形成"贪婪的鬼子.AVI"文件

▶ 流程二 音效

【内容概述】利用 Premiere 进行简单的声音处理
【知识目标】掌握音频处理工具的使用方法
【能力目标】熟练掌握音频特效的应用能力
【素质目标】具备音乐鉴赏能力

我们也可以利用 Premiere 为我们的短片添加上音效，比如，人物说话和背景音乐在 Premiere 中可以很轻松地实现，这时候需要导入外部的音频文件，作为视频的解说或者是背景音乐。可以将需要编辑的音频文件拖动到"音频"的轨道上，单独进行剪辑，如图5-9所示。

图 5-9　音频剪辑

在音频轨道里对导入的音频进行加工，比如想要一个淡入淡出效果，在导入音

频轨道的左侧选择小三角号 ，会出现音频的详细设置，为了便

于操作，按下设置显示样式按钮 ▭ ，选择仅显示名称，这时候发现音量线是一
条直线，点击显示关键帧按钮 ◆ ，选择轨道关键帧，这时将时间轴移到我们想要设
置关键帧的地方单击 ⬤ ，就会发现已经在此处设置一个关键帧。另外，还可以
按住 ctrl 键加鼠标左键进行添加，利用鼠标左键进行上下调整，使我们的音量发生
变化。删除关键帧时可以右键选择删除即可，如图 5-10 所示。

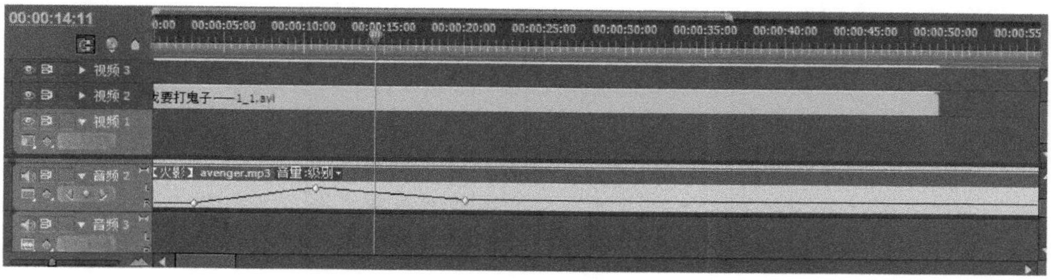

图 5-10 设置音轨

【实训内容】完成《贪婪的鬼子》动画片的声音特效设计
【课时要求】2 课时
【阶段成果】完成配音的动画片

▶▶ 流程三 特效

【内容概述】利用 Premiere 完成转场特效处理，利用 AE 完成文字特效和
　　　　　　图片特效处理
【知识目标】掌握 Premiere 的转场特效和 AE 特效、摄像机的应用方法
【能力目标】具备转场特效处理能力和字幕特效处理能力
【素质目标】培养动画特效处理能力和综合审美能力

二维动画设计实训

5.3.1 转场特效的添加

Premiere 提供了非常多的视频特效和视频的切换特效，可以为短片添加一个简单的视频特效。比如转场效果，编辑界面左下角选择效果窗口，在视频切换中选择一个视频切换效果，然后鼠标右键拖入两段素材的中间处，就完成了一个视频特效的添加，如图 5-11 所示。

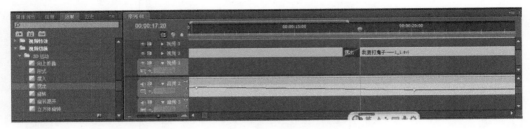

图 5-11　添加转场特效

这时在我们添加的特效上右键点击出现特效属性栏，如图 5-12 所示。在这里我们可以对我们的特效转场进行一个设置，使其合乎我们的要求。

另外，还可以添加一些声音特效，方法也是一样的。

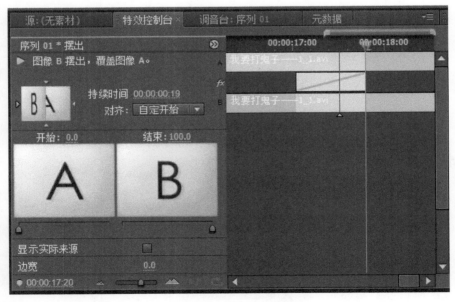

图 5-12　特效属性设置

5.3.2 字幕的添加

在视频编辑的时候，往往会遇到要添加字幕及小窗口等需要进行多轨道编辑的情况。下面先来介绍一下字幕的建立，选择【字幕】—【新建字幕】—【默认静态字幕】命令，如图 5-13 所示。此时可以更改字幕的名称及属性，如图 5-14 所示。点击"确定"之后，会出现如图 5-15 所示的画面。

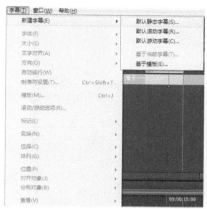

图 5-13 字幕的添加

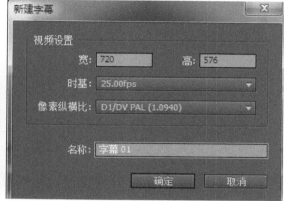

图 5-14 更改字幕属性

图 5-15 添加字幕

在需要添加字幕的地方单击，如图 5－16 所示。

图 5－16　字幕位置设置

　　此时，就可以输入需要的文字了。需要注意的是，有时候 Premiere 默认的字体有很多汉字无法显示，需要在输入汉字之前更改字体。在字幕右侧属性里，点开"字体"，选择需要使用的字体，然后再输入。

　　右侧的属性栏中，我们还可以对文字的大小、颜色、位置和效果进行设置，还可以在界面上方的时间处对我们所要添加的字幕进行时间的设置。完成字幕后我们就可以关闭当前的字幕窗口，这时我们的字幕文件就会显示在左侧素材栏里，我们只需要将字幕拖入进视频轨道即可。另外，需要注意的是，我们在拖入字幕文件时务必将字幕文件放置到我们视频素材的上方，如图 5－17 所示。

图 5-17　导入字幕

（1）片头以及片尾文字特效

在制作动画的时候还需要给影片添加一个片头片尾，这时可以利用 AE 来添加完成片头片尾的工作，这里使用的是 AE CS4。首先打开 AE 界面，如图 5-18 所示。

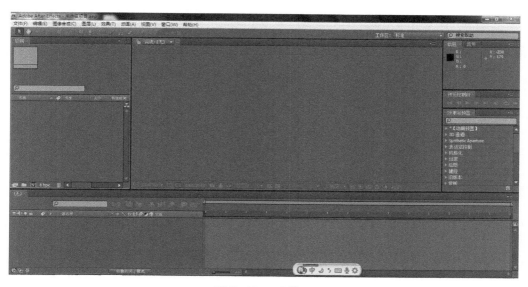

图 5-18　AE 界面

①新建合成。Ctrl+N 新建一个合成，持续时间 30 s，尺寸 720 像素 ×576 像素，如图 5-19 所示。

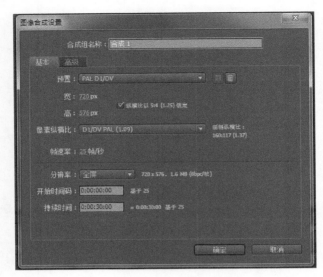

图 5-19　新建合成

在时间线窗口右击【新建】—【文字】，建立一个文字图层，并输入文字内容。并依照此法建立其他文字图层，输入文本，并在时间线窗口有序地错开位置，如图 5-20 所示。

图 5-20　添加片头文字

②按 P 键显示位置属性，使其从屏幕上方运动到屏幕中央，按 T 键设置其透明度，配合着运动的动画做淡入的效果，展开"文字"，添加字符偏移动画，偏移值为：100，然后做范围选择器 1 的"结束"动画，添加"填充 RGB"动画，添加关键帧使其颜色变化。此外，按 S 键可以设置"比例"动画，按 R 做"旋转"动画，按 A 键做"定位点"动画，如图 5-21、图 5-22 所示。

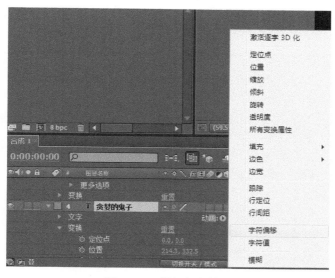

图 5-21 添加文字效果

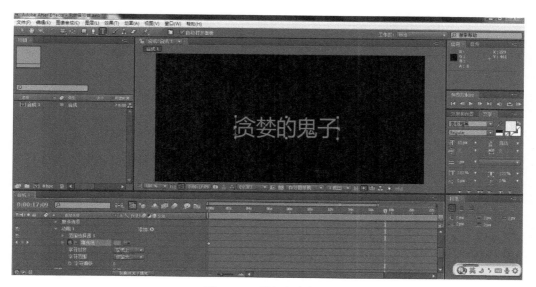

图 5-22 添加文字效果

依照此法，继续为其他几个文字图层做类似的动画，可以为文字素材添加旋转、倾斜、定位点、跟踪、模糊、字符值、摇摆等动画，片尾也是一样的做法。

（2）沙粒文字特效

上面我们说的只是简单的片头片尾制作，我们还可以利用 AE 的强大特效功能来制作绚丽的片头片尾，这里我们来简单介绍下用 AE 做一个沙粒文字效果，我们需要的特效为散射、缠绕式旋转。

①新建合成。新建合成命名为"沙粒"，时间为 5 s，设置如图 5-23 所示。

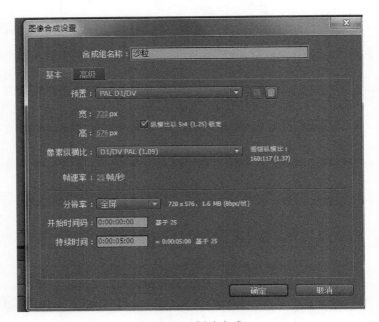

图 5-23 新建合成

②导入一张图片作为背景，拖动到时间线上，如图 5-24 和图 5-25 所示。

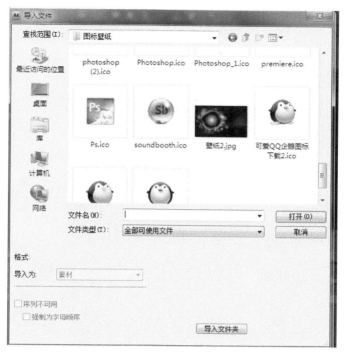

图 5-24　导入背景图片

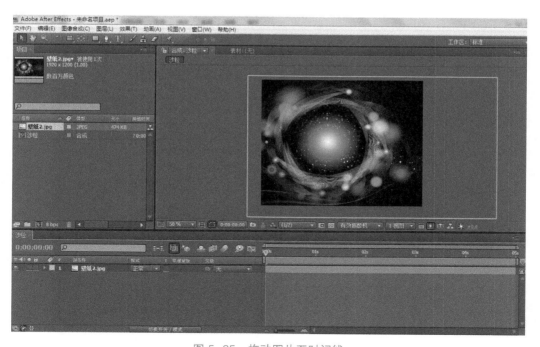

图 5-25　拖动图片至时间线

③选择横排文字工具，在合成窗口中输入文字"很久很久以前"，如图5-26所示。

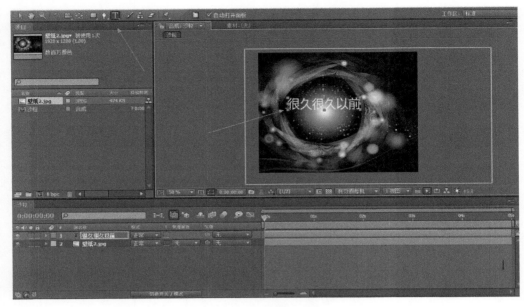

图5-26　输入横排合成文字

④可以在软件界面右侧选择自己喜欢的字体样式、大小、颜色等，在效果和预置中选择【动画预置】—【文字】选择自己喜欢的效果，双击添加到文字层，如图5-27所示。

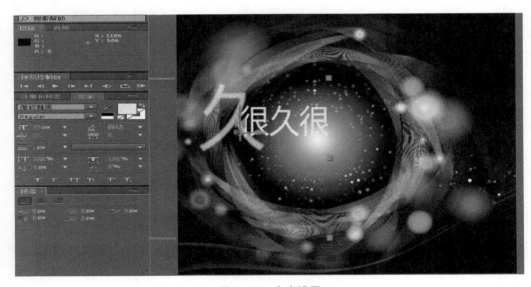

图5-27　文字设置

　　这里需要注意的是添加的特效是从当前帧开始的，所以要把时间调到你想要添加的位置再添加，这点是非常关键的。

　　⑤在效果中选择风格化，找到散射选项添加到文字层，在扩散量属性上选择关键帧，在 0 s 位置设置数量 250，在 3 s 位置设置数量为 0，如图 5-28 所示。

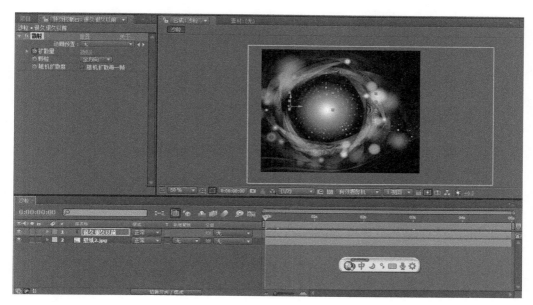

图 5-28　设置特效关键帧

　　点击预览或者小键盘的 0 键来查看添加的效果。

　　（3）AE 制作倒影效果

　　有时候我们想要画面产生一个镜像投影，使画面看起来更有立体感，现在来用 AE 制作一个倒影效果，需要使用摄像机命令、聚光灯命令、线性擦除命令。

　　①新建一个合成，命名为倒影，时间为 10 s，如图 5-29 所示。

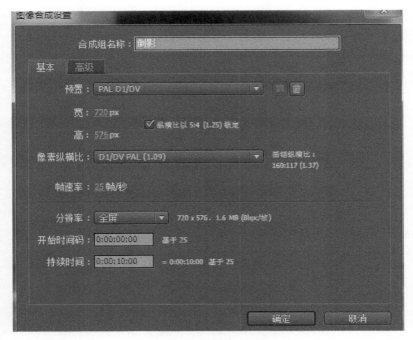

图 5-29　新建倒影合成

　　②新建白色固态层，命名为镜面，制作为合成大小。按下 R 键设置旋转参数，设置 X 轴为 90 度，使镜面水平，如图 5-30 所示。

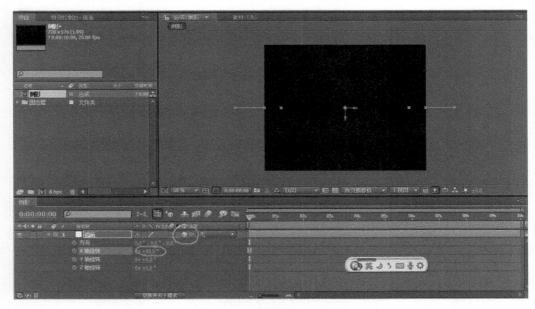

图 5-30　设置水平镜面属性

③双击素材栏导入视频或者图片素材，拖动添加到时间线上打开三维属性，调整 Y 轴位置，使我们的素材底部跟我们的镜面层相平，如图 5-31 所示。

图 5-31　设置素材属性

④点击图层选择新建摄像机，点击确定添加摄像机，如图 5-32 所示。

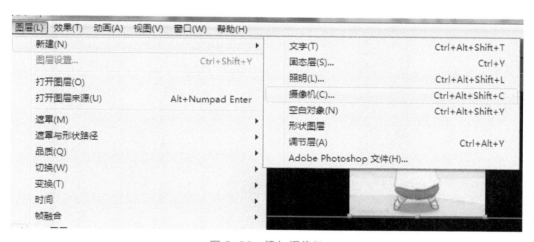

图 5-32　添加摄像机

⑤按 C 键调整摄像机角度，完成后如图 5-33 所示。

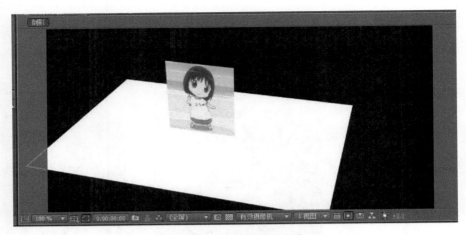

图 5-33　调整摄像机角度

⑥选择镜面层，按 S 键选择缩放属性，将镜面放大，这里我们选择数值为1000，选择【效果】—【生成】—【渐变】命令，如图 5-34 所示。

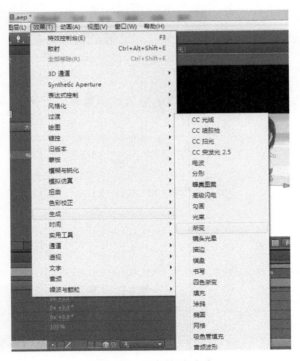

图 5-34　选择渐变命令

⑦给镜面添加一个渐变色，颜色自己选择，渐变形状为放射状，调整开始和结束的位置，隐藏镜面层，如图 5-35 所示。

图 5-35 调整渐变属性

⑧按下快捷键 Ctrl+D 复制图片素材层，命名为"倒影"，打开位置参数，将 Y 轴改为 400，比例中取消比例约束，外轴改为 -30，透明度为 40，制作出倒影效果，如图 5-36 所示。

图 5-36 设置倒影效果参数

⑨选择【效果】—【过渡】—【线性擦除】，设置擦除角度为 180，完成过渡 40，羽化 300，将倒影的父级设置为素材层，这样设置可以将倒影与素材一起移动，如图 5-37 所示。

图 5-37　设置线性擦除参数

⑩显示镜面层，这时候会发现我们的倒影已经被遮挡住了，我们需要新建一个调节层，选择【图层】—【新建】—【调节层】，如图 5-38 所示，并将其移动到镜面层的上方，这样前面制作的倒影效果就显示出来了，如图 5-39 所示。这里需要注意的是，调节层的所有特效会作用于它之下的所有图层。

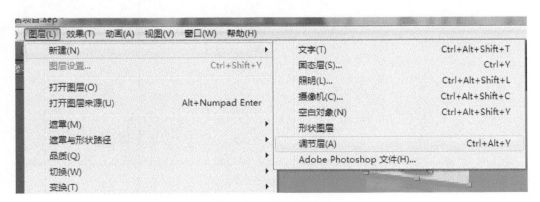

图 5-38　新建调节层

图 5-39　倒影最终效果

（4）AE 制作文字飘动效果

让自己的文字在画面中飘动是不是很漂亮呢？下面我们利用 AE 来完成让文字飘动的效果。

这里我们将使用路径文字、钢笔工具和拖尾命令来完成。

①新建合成，命名为"文字"，时间 5 s，如图 5-40 所示。

图 5-40　新建合成

②新建固态层，命名文字，在效果中找到旧版本，选择路径文字，如图 5-41 所示，输入内容。选择钢笔工具，绘制文字运动路径，如图 5-42 所示。

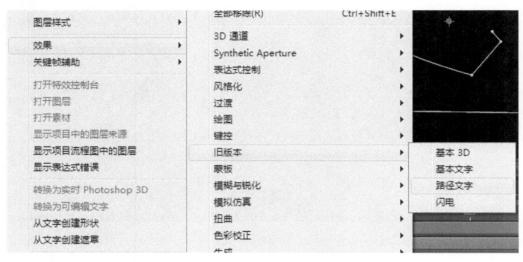

图 5-41　添加路径文字

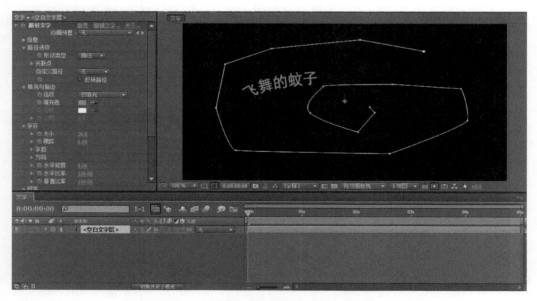

图 5-42　选择钢笔工具添加文字运动路径

③打开特效控制面板，设置自定义路径为遮罩 1，大小 80，设置文字运动关键帧，时间调到 0 s 位置，对左侧空白添加关键帧，在时间 3 s 位置，设置左侧空白为2330，使文字按照路径从左到右运动，如图 5-43 所示。

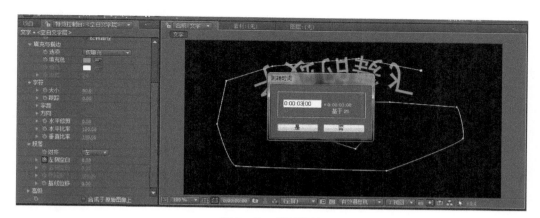

图 5-43　设置特效

④设置文字飞舞动画。时间调到 0 s 位置，为【高级】选项卡下【抖动设置】属性中的所有参数添加关键帧，数值为 0，时间调到 1 s 位置，设置数值均为 300。时间调到 3 s 第 10 帧位置，设置所有数值均为 0，如图 5-44 所示。

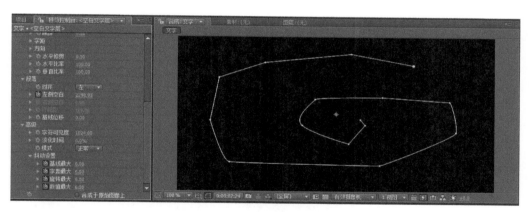

图 5-44　设置高级文字抖动效果

提示

　　设置高级参数栏中的参数关键帧，可以使文字产生缩放、跳跃、旋转等随机动画。

⑤设置文字大小动画。在时间 0 s 位置，给字符大小添加关键帧，在 4 s 位置，字符大小为 80，使文字从小到大变化，如图 5-45 所示。

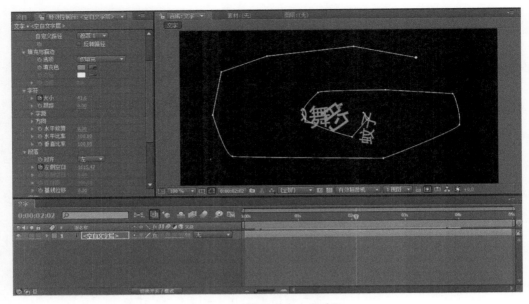

图 5-45　设置文字大小动画

⑥添加拖尾效果。在效果中找到时间，选择拖尾命令，如图 5-46 所示。设置重影数量为 10，衰减为 0.5，如图 5-47 所示，使文字产生幻影效果。

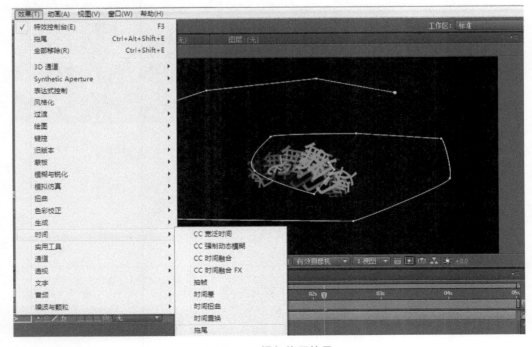

图 5-46　添加拖尾效果

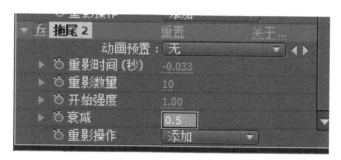

图 5-47　设置拖尾属性

　　⑦添加【效果】—【生成】—【渐变】命令，改变文字颜色，如图 5-48 所示。
按小键盘 0 键预览。

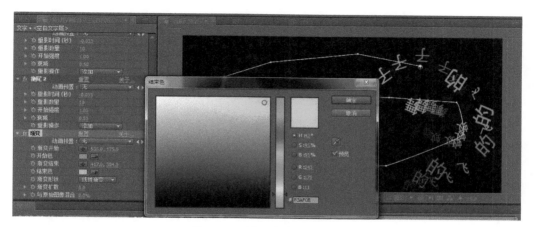

图 5-48　设置文字颜色渐变

【实训内容】 完成《贪婪的鬼子》动画片的字幕设计
【课时要求】 4 课时
【阶段成果】 添加了片头、片尾和字幕的动画片

▶▶ 流程四　合成

【内容概述】 为动画视频的粗胚加入各种特效。
【知识目标】 掌握视频合成工具的使用方法
【能力目标】 熟悉特效合成的方法，熟练运用主流合成软件及各种特效插件
【素质目标】 培养艺术鉴赏能力和独立学习能力

在视频编辑完成之后，可以直接通过右侧监视器上的播放键进行整体视频的预览，但是由于电脑性能所限，往往预览的时候都非常卡，所以这时要进行视频的渲染。选择【序列】—【渲染工作区】命令，软件会弹出以下界面自动开始渲染，如图5-49所示。

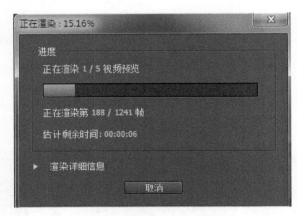

图5-49 视频渲染

当文件渲染完成之后，时间线上会出现一条绿线，当时间线上都是绿线时，视频就可以顺畅地预览了，如图5-50所示。

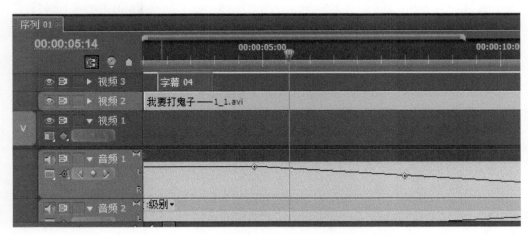

图5-50 时间线

视频预览完成之后，如果没有什么问题就可以开始导出了。选择【文件】—【导出】—【媒体】命令或者选择快捷键Ctrl+M，选择要导出的影片的格式，点击导出按钮导出影片。

【实训内容】完成《贪婪的鬼子》动画片的视频合成
【课时要求】2 课时
【阶段成果】形成"贪婪的鬼子 .AVI"文件

▶▶ 流程五　发行

【内容概述】将影片输出成各种所需的格式及对应的存储、传播媒体
【知识目标】熟悉各种主流的视频音频压缩解压技术，并掌握将影片输出
　　　　　　到不同媒体所需的相关工具
【能力目标】各种主流音频视频转换能力
【素质目标】具备独立学习能力和知识扩充能力

　　在制作完成后我们要有一个发行阶段，可以将视频打包压缩上传至互联网，此时如果我们的视频比较大，可以利用一些软件进行压缩转换，比较常用到的软件是格式工厂等，如图 5-51 所示。利用软件进行转换压缩上传到网络，这样动画就能共享了。

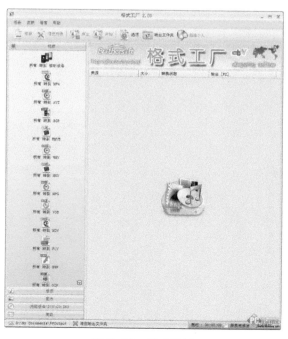

图 5-51　格式工厂

在进行压缩的时候可以牺牲一些清晰度，这个主要取决于视频网站对上传文件大小的支持及自己的网速，这样的做法一般用于所导出的影片大小大于该网站所规定的体积。

在能满足自己上传视频大小的网站上，在上传之前，重新编码的次数越少，呈现出来的网站影片效果会越好，尽可能上传最接近原始格式的影片。每次重新编码都可能会破坏原本影片的品质，请尽可能保持原始影片的播放速率。举例来说，如果将 24 fps 的原始影片做升频采样处理，可能会产生画面晃动致使播放不流畅的情况。如果影片来源为胶片，那么 24 fps 或 25 fps 的循序扫描影片效果最好，而经过重新采样移转处理（例如，经过 Telecine Pulldown 影讯转换）的影片通常画质较差。

HD 高画质影片是最理想的格式，采用这种格式将能让网站提供目前最高画质的影片。这也表示，随着视频网站研发出新的格式，我们的影片质量也能随之升级。

【实训内容】完成《贪婪的鬼子》动画片的发行工作
【课时要求】2 课时
【阶段成果】将《贪婪的鬼子》动画片上传到优酷网

阶段六

动漫衍生品设计

在我国动漫产业快速发展的今天，动漫衍生品的设计与开发已成为动漫产业深入发展过程的一个环节。在学习了二维动画的制作过程后，将产品包装、宣传，可以从更多方面推广产品情节与角色。在第六阶段将从动漫衍生产品的简介、发展及定位，结合动漫衍生产品的发展前景，共同了解动漫衍生产品，然后针对中国成功动漫产品及衍生品案例，阐述动漫衍生产品的开发和在思路上如何进行创意设计。

【内容概述】动漫衍生品简介、前景及创意
【知识目标】了解动漫衍生品的概念，熟悉衍生品的创意方向
【能力目标】能对动漫衍生品进行分类，具有衍生品设计能力
【素质目标】具备敏感的观察能力和感觉能力，具有简单的营销策略，具有实地调研能力

▶▶ 知识一　动漫衍生品简介

动漫产业是一个庞大的产业，包括前期策划、中期制作、后期推广销售、播出、衍生品开发等几个环节。动漫衍生品是动漫产业中重要的组成部分，是动漫产业产生盈利的重要环节。随着动漫日益受到人们的喜欢，动漫产业呈现出巨大的商机。各式各样的以动漫为主题的游戏、服装、玩具、食品、文具用品、主题公园、游乐场等销售强劲，甚至不少汽车商、电脑厂家和网络运营商都在拿动漫人物做噱头。

6.1.1　基本概念

从概念上说，动漫衍生品是基于漫画、卡通、动画电影、游戏等原生事物延伸或派生出来的事物，是原创动漫作品在表现形式上的一种延伸。利用卡通动漫中的原创人物形象，经过专业的卡通动漫衍生品设计师的精心设计，所开发制造出的一

系列可供销售的服务或产品。如音像制品、电影、书籍小说、各种游戏、玩具、动漫形象模型、服饰、饮料、保健品、袜业、鞋业、文具等都能开发成动漫衍生品。更能以形象授权方式衍生到更广泛的领域，比如，主题餐饮、漫画咖啡馆、主题公园等旅游产业及服务行业等。

6.1.2　动漫衍生品的分类

动漫衍生品包括内容衍生品和形象衍生品两大部分。

（1）内容衍生品

内容衍生品是指与动漫作品内容相关的影视、游戏、漫画等。例如《蜘蛛侠》、《蝙蝠侠》、《龙珠》、《超人特工队》和《大青蛙布偶秀》等。如图6-1至图6-4所示。

图6-1　《蝙蝠侠》影视版

图6-2　《蜘蛛侠》电影版

图 6-3　《龙珠》游戏版　　　　　　　图 6-4　《超人特工队》漫画版

（2）形象衍生品

　　形象衍生品比较广泛，涉及音像制品、玩具、形象模型、服饰、保健品、袜业、鞋业、文具等。更能以形象授权方式衍生到更广泛的领域，比如，主题公园、漫画咖啡馆、主题餐厅等旅游产业及服务行业等。美国著名的迪士尼乐园就是作为动画片中童话世界向现实世界的延伸，使游客置身于曼妙的动画角色和场景之中，是迪士尼公司最为成功的衍生品之一。狭义而言，形象衍生品才是真正意义上的动漫衍生品。目前网络上的虚拟类动漫衍生品也非常的普遍。各类衍生品如图 6-5 所示。

a. 食品包装　　　　　　　　b. 玩具

c. 药品

d. 主题公园

e. 主题餐厅

图 6-5　各类衍生品

6.1.3　动漫衍生品的价值

在信息社会，动漫是观众精神生活不可缺少的组成部分。动漫衍生品不仅以其独特的消费文化，在消费领域占有极其重要的地位，而且动漫衍生产品已经全方位渗透到青少年消费的各个方面，与动漫相关的玩具、服饰、游戏、视频、乐园、装饰品、文具用品等应有尽有，引领儿童的消费潮流。动漫品牌的价值难以估量。尤为值得关注的是，中国动漫产业快速发展，动漫衍生产品对主流价值观念的影响绝对不能忽视。

动漫衍生产品从消费方式到生活方式，从生活方式到价值观念，使消费与动漫衍生产品紧紧地连结在一起。动漫衍生产品的价值观念，早已在观众那里建立了消费符号，价值观念隐藏在消费符号之中，在快节奏变化的社会，人的心理需要不断发生变化，对动漫的选择也不断变化，同时，有诸多动漫供观众选择。不同的动漫传播不同的价值观念，观众总是在不断地吸收不同的价值观念，并通过消费符号和心理需要的动漫衍生产品来消除来自于现实的挫折感。不仅如此，动漫衍生产品还可以使观众获得虚幻的归属感，这是消费发展到一定阶段的必然结果。

动漫衍生品是动漫产业链中非常重要的组成部分，由于可开发的动漫衍生产品种类多，销量大，利润实在难以估量，可谓一本万利。随着动漫行业的发展，其简单的形象授权的衍生品成为有效的载体，是群众与动漫互动的一种新渠道。最近两年，随着市场空间的不断拓展，国内外著名的动漫品牌都陆续成立了专柜、专卖店，推广其相关衍生品。2005 年元旦，迪士尼在进军中国 70 余年后，首次设立中国公司销售其衍生品，以米老鼠为品牌形象的消费品将成为迪士尼中国公司主打的第一张牌。目前迪士尼在中国授权的消费品专柜有 1100 多家。

动漫衍生品的依托形象产生是一种互动感的扩展。人们购买一项印有米老鼠形象的帽子，买一个喜洋洋与灰太狼的书包，或是使用一辆蓝猫牌的三轮车，无非就是喜欢这个形象，在购买衍生品时做出决策，是对各种动漫形象的价值判断，也是一种受众与动漫形象之间的互动。如图 6-6 所示。

图 6-6 动漫衍生品

知识二 动漫衍生品前景

动漫衍生品开发于 1929 年，随着衍生产品的深度开发，动漫产业已成为美、日、韩等国经济发展的重要支柱，他们在自己的原创影视动画基础上，相继开发成功的衍生品，抢占了大部分的国际市场。我国是世界动漫衍生品制造的主要基地，全球动漫形象衍生品 80% 的生产在中国。据调查显示，在我国的青少年中，有 80% 接触动漫产品，喜爱卡通形象的比例达到 90%，有 60% 以上的人买过自己喜欢的卡通形象、杂志、影碟、玩具、服装和饰品等相关产品。许多国家动画片的主角，如《蜡笔小新》、《唐老鸭》等已成为中国青少年所熟悉和喜欢的形象，许多漫画形象也成为小朋友们最喜欢的玩具。

6.2.1 国外动漫衍生品的发展现状

动漫产业链非常重要的环节即是动漫衍生品。由动漫作品衍生的产品种类多，销量大，利润着实难以估量，可谓一本万利。譬如美国迪士尼公司制作的动画片《狮子王》，总投资达4500万美元，到目前为止，其动漫衍生品的收入已经高达20亿美元。

在国外的动漫产业发展中，美国、日本等动画制作强国，漫画、动画、电影、图书、音像制品和特许经营产品等发展非常的完善。国外动漫产业年产值超过2000亿美元，与动漫产业相关的周边衍生产品产值在500亿美元以上，从全球来看，动漫产业已成为一个庞大的产业，动漫衍生品有着超大的市场空间和发展潜力。

6.2.2 国内动漫衍生品的发展现状

目前，中国的动漫产业蓬勃发展，中投顾问发布的《2010—2015年中国动漫产业投资分析及前景预测报告》显示，中国儿童食品每年的销售额为人民币350亿元左右，玩具每年的销售额为人民币200亿元左右，儿童服装每年的销售额达人民币900亿元以上，这些都是动漫产业发展的基础。相对于动漫播映市场规模，动漫内容所撬动的产业规模非常庞大。从行业整体分析，占据最主要衍生品的将仍然是玩具和服饰。

据经济专家预测，中国动漫产业拥有200亿元的大市场，其中仅上海、北京、广州三地的青少年的动漫消费就达13亿元之多，通过动漫衍生产品的开发与销售，带动各种各样以动漫为主题的游戏、主题公园、游乐场等衍生产业的发展。

众所周知，动漫衍生品开发的成败首先依赖深入人心的原创动漫形象，巨大的市场和薄弱的原创力，使中国80%以上衍生产品的市场价值流向美国和日本动漫形象。据调查，排在前5位的大部分是美国和日本动漫产生的人物形象，这对我国动漫衍生产品的发展造成威胁。目前国产动漫衍生品的开发、生产、推广虽然有了一些发展，但还非常稚嫩，因此我们有必要对我国的动漫衍生品存在的问题采取有效的措施。

当前主要竞争对手有迪士尼、米老鼠、Small World Toys、华纳兄弟、泡泡堂、日本的Hello Kitty等，他们在动漫行业经验和实力都很强，我们主要定位在智力开发产品上，在智力开发这块，动漫衍生品市场尚存在较大空白，并且没有形成很有影响力的品牌，因此我们应加快动漫产业的发展。

动漫产业在国家的大力扶持下迅猛发展，动漫衍生品企业也随之纷纷崭露头角。动漫衍生品市场规模和潜力巨大，国外品牌占据市场主导，国产动漫衍生品产业链尚不健全，企业规模小、盈利模式单一。为争取在激烈的市场竞争中赢得立足和壮大的机会，动漫衍生品企业应在产品、价格、促销、渠道等方面综合制定相应的策略。

6.2.3　动漫衍生品的地位

　　动漫衍生品是由原漫画或动画衍生的产品，是原漫画或动画的文化延伸。动漫市场分为三个层次，一是动漫本身的播出市场；二是卡通图书和音像制品市场；三是动漫形象衍生品市场。一部动漫 80% 的利润来自动漫衍生品，是整个产业链中收益空间最大的金色环节。因此开发优秀的动漫衍生品对于一个国家动漫产业的成功是至关重要的。

　　动漫衍生品作为动漫经济发展的动力，带动了动漫产业的发展，可以使我们看到更多的动漫新作品，以及动漫玩具等的出现，丰富了我们的生活。据不完全统计，目前全国有 20 几个省市将动漫作为新兴产业大力扶持，北京、上海、苏州、广州、深圳、大连等地相继出台优惠政策，建立了动漫产业基地；200 多所大专院校开办了动画专业；动画节、动漫展、动漫论坛、动漫培训班也层出不穷。目前我国有大约 30 个动漫产业基地，大多数正在搭建框架。但我国动漫产业的投资成本大，市场风险高。

　　与《喜洋洋与灰太狼》、《长江七号》等动画片催生各种动漫衍生品一样，随着动画版《孔子》在央视热播，该片衍生品如图书、书包也开始走入大众的视野。动漫衍生品已经成了商家们获利的最大途径。如图 6-7 所示。

图 6-7 《孔子》衍生品

知识三 动漫衍生品创意

6.3.1 动漫衍生品开发思路

动漫衍生品的开发一般都是围绕着动漫原型进行想象设计的,动漫形象的外形、性格决定着衍生品的开发范围和难度。从设计者的调查与分析中,动漫形象和故事情节直接影响着动漫片的收视问题,而收视率恰恰带动了衍生品的开发与销售。遵循动漫开发和衍生品设计的同步性,抓住回收利润的最佳时机,加强产品的设计与管理,可以提高利润。

（1）遵循动漫产业发展的国际成熟的逻辑模式

动漫产业发展的国际成熟的逻辑模式是:在杂志上连载漫画的作品—选择读者反馈好的漫画作品发行单行本—改编成动画片—根据漫画造型创造玩具、服装、日常用品等衍生产品—开发游戏,作为动漫产业发展成熟的模式,它在一定程度上具有普适性。这套模式的优点表现在以下几方面:运行成本低,因为这种模式选择读者反馈好的漫画作品发行单行本然后改编成动画片,最后进行衍生品开发;衍生品开发的成功性高,因为动漫衍生品应该依附于动漫作品本身,体现完美的动漫角色,并对动漫作品的价值加以强化,这种模式能保证动漫人物形象深入人心。

（2）注重动漫衍生产品的情感化特征

随着我国居民收入水平的不断提高,人们的情感需求也越来越旺盛,作为文化产业的一个组成部分，动漫产业在满足当代居民的情感需求方面有着不可替代的作用。动漫企业的动漫衍生产品开发可以从满足消费者情感需求的角度出发，注重产品的情感化特征，赋予产品情感价值，这种情感价值包括：幽默诙谐、轻松快乐、温馨吉祥等。因此，动漫企业在进行动漫作品创作方面首先应以上述情感价值为主题，围绕此主题收集相关素材，完善动漫作品。其次，通过发行少量单行本，以测试市场反应，看市场对动漫作品所涉及的动漫角色及卡通人物形象评价如何。最后，为了使动漫角色深入人心，还应在动漫角色的装扮及神态语言方面下功夫。总而言之，动漫衍生产品的设计在追求动漫美的价值同时，还应追求产品的艺术效果。

6.3.2　产品设计的协调性

在动漫衍生品的开发中，产品的设计是创意的核心部分，开发项目要与动漫内容相协调，可以将传统文化和现代文化相结合。对于产品本身的功能、造型、材料（质地）、颜色等有针对性地去设计与开发。除了在动漫原型的基础上进行设计外，运用新的技术和工艺，开发出美观而实用的衍生品，从而提高产品的市场竞争力，这种开发模式不但可以加强衍生品和动漫本身的联系，而且节省衍生品开发再设计的时间，加快衍生品上市的速度。

6.3.3　确定消费群体

动漫衍生品在设计之初要做好明确的市场定位，可以按照不同程度的消费群体进行衍生品的创意开发设计。定位多级市场，培养客户群是发展的主要方向。可以按照消费群体的年龄、性别、教育程度、收入等进行分类，然后根据消费群体对动漫的喜爱程度进行设计与开发。例如，"喜羊羊与灰太狼"的衍生品市场中，一些布偶、玩具、文具等在儿童市场中比比皆是。目前，市场上已上市了一系列"喜羊羊与灰太狼"的相关授权产品，涵盖食品、美容用品、手机、数码相机、文具、服饰、箱包、运动鞋等各个品类。同时，"喜羊羊与灰太狼"也成功地打开成年人市场，同时激发了成年人的购买欲。这样一来，消费群体可以帮助企业在市场管理上有的放矢，针对不同的市场采取相应的销售策略，获取利润的同时提升市场价值。

【实训内容】完成《贪婪的鬼子》动画片的衍生品设计，创意衍生作品
【课时要求】4 课时
【阶段成果】各种衍生产品设计稿及推广方案

附录 A

动漫中常用的标识文字和符号

    要完成一部动画片需要很多道工序，工序之间制作指令的传达除了用图画表示之外，还要用专用符号、文字和标识来传达。因此，熟悉常用的标识、文字和符号，对动画创作者来说比较重要。在国产动画片中，常用的标识、文字和符号包括如下内容。

一、标识、文字和符号

    片名：片名在动画中用中文书写，如《宝莲灯》。

    集号：集号用中文和阿拉伯数字书写，如第 N 集。

    镜头号：镜头号用 SC、- 和阿拉伯数字书写，如 SC-2 表示第 2 镜。

    集号和镜头号的连写：集号和镜头号通常会被写在每一幅动画稿的画框之外，定位孔之间，如 1 SC 2 表示 第 1 集中的第 2 镜。

    背景：离人视线最远的景，用 BG 表示，如 BG1 表示第 1 镜中用到的背景。

    中层景：中层景是在背景之上，离人视线次远的景，用 UL 表示。

    前层景：前层景是离人视线最近的景，用 OL 来表示。当背景（BG）、中层景（UL）和前层景（OL）同时使用时，它们之间就可能有动画存在。

    原画：原画用阿拉伯数字写在圆圈内表示，如①、③等。

    中间画：中间画是用阿拉伯数字写在三角形内表示，如④、⑧、⑨ 等。

    动画：动画用阿拉伯数字直接书写，如 1、3、4 等。

    层：根据剧情的需要，不同或相同的角色、景或物需要用分层来表现，在最下面靠近背景色的那层动画是 A 层，A 层上面是 B 层，然后是 C 层、D 层、E 层、F 层等，以此类推。

    速度标尺：速度标尺是由原画设计人员根据角色移动速度及幅度的需要设计，应标注在画框内右上或右下的地方。标注速度标尺时以图 A-1 所示的符号为原则依次划分，距离越长，表示速度越快，距离越短，表示速度越慢。对于先慢后快或先快后慢、两头快中间慢或两头慢中间快等多种情况都可以用速度标尺标注出来。

    ENO：一般标注在表示动作完成的各层最后一幅原画稿的速度标尺下方的数字后边。

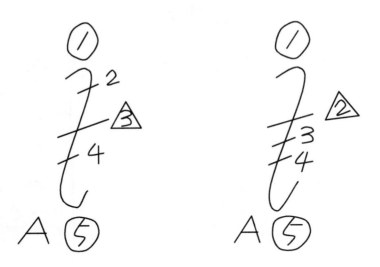

图 A-1 速度标尺标注

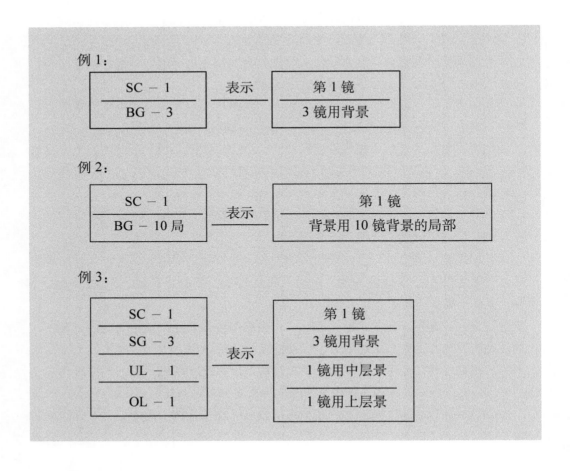

附录 B

动画创作中容易出现的问题

设计稿中常出现的问题

1. 导演意图表现不明确。

2. 入画、出画提示不明确。

3. 移动镜头要求不明确。

4. 环境光源不明确。

5. 道具展现不明确。

6. 特技提示不明确。

7. 透视画法不明确。

8. 人景对位不准确。

9. 物体运动轨迹提示不清。

10. 人物动作、表情不到位。

修型中常出现的问题

1. 五官不准。

2. 丢缺饰物。

3. 加减不明。

4. 手脚过松。

5. 结构不准。

6. 标记不清。

原画中常出现的问题

1. 人物造型不准。

2. 运动规律不好。

3. 原画动作不到位。

4. 加减速度不好。

5. 对设计稿表现不准确。

6. 人物性格、表情表现不准确。

7. 透视、镜头连接不好。

8. 口型设计不好。

9. 速度线、特技表现不好。

10. 摄影表书写不清楚。

动画中常出现的问题

1. 中间位置不对。

2. 曲线运动不好。

3. 丢线缺线。

4. 走路、跑步时腿忽长忽短。

5. 手脚不准。

6. 线条不挺。

7. 出入画不对。

8. 对位不准确。

9. 口型缺乏变化。

参考文献

[1] 吴乃群，史耀军 . Flash 动画设计案例教程 [M]. 北京：清华大学出版社，2010
[2] 乔东亮 . 动漫概论 [M]. 北京：高等教育出版社，2008
[3] 王慧，王盛国 . 动漫创意设计 [M]. 北京：北京邮电大学出版社，2008
[4] 齐骥 . 动画行销学 [M]. 北京：中国传媒大学出版社，2010
[5] 王传东 . 动漫产业分析与衍生产品研发 [M]. 北京：清华大学出版社，2009